FAO中文出版计划项目丛书

粮农组织畜牧生产及动物卫生准则21

发展小规模牲畜饲养者可持续的价值链

联合国粮食及农业组织　编著

葛　林　孙　研　等　译

中国农业出版社
联合国粮食及农业组织
2021·北京

引用格式要求：

粮农组织和中国农业出版社。2021年。《发展小规模牲畜饲养者可持续的价值链》（粮农组织畜牧生产及动物卫生准则21）。中国北京。

02-CPP2020

本出版物原版为英文，即 *Developing sustainable value chains for small-scale livestock producers*，由联合国粮食及农业组织于2019年出版。此中文翻译由对外经济贸易大学安排并对翻译的准确性及质量负全部责任。如有出入，应以英文原版为准。

FAO中文出版计划项目丛书

指 导 委 员 会

缩略语
ACRONYMS

ACGC	African Chicken Genetic Gains	非洲肉食鸡遗传增益
AI	Artificial Insemination	人工授精
AnGR	Animal Genetic Resources	动物遗传资源
APHIS	Animal and Plant Health Inspection Service	（美国农业部）动物卫生检验局
ASF	Animal Source Food	动物源性食品
BDI	Birunga Dairy Industries	维龙加奶制品工业
CA	Conservation Agriculture	保护性农业
CCP	Critical Control Point	关键控制点
CSA	Climate-Smart Agriculture	气候智慧型农业
EAFF	East African Farmers' Federation	东非农民联合会
EMBRAPA	Brazilian Agricultural Research Corporation	巴西农业研究公司
EU	European Union	欧盟
FAO	Food and Agriculture Organization of the United Nations	联合国粮食及农业组织
GBC	Gender-Based Constraint	性别约束
GDP	Gross Domestic Product	国民生产总值
GIS	Geographic Information System	地理信息系统
GIZ	German Agency for International Cooperation	德国国际合作机构
GMO	Genetically Modified Organism	转基因生物
GIZ	German Agency for Technical Cooperation	德国技术合作局
HACCP	Hazard Analysis Critical Control Point	危害分析关键控制点

IBD	Biodynamic Institute	生物动力研究所
ICT	Information and Communications Technology	信息与通讯技术
IFAD	International Fund for Agricultural Development	国际农业发展基金
LCA	Life Cycle Assessment	生命周期评估
LIDI	Leather Industry Development Institute	皮革产业发展研究所
LLPI	Leather and Leather Products Industry	皮革与皮革制品产业
M&E	Monitoring and Evaluation	监控与评价体系
MFI	Microfinance Institution	微金融机构
MOU	Memorandum of Understanding	谅解备忘录
NAADS	National Agricultural Advisory Services	（英国）全国农业资讯处
OECD	Organisation for Economic Co-Operation and Development	经济合作与发展组织
PASDEP	Plan for Accelerated and Sustained Development to End Poverty	快速与和持续发展的减贫计划
PDO	Protected Designation of Origin	原产地名称保护制度
PPD	Public-Private Dialogue	公私部门对话
PPP	Public-Private Partnership	公私伙伴关系
PPPP	Public-Private-Producer Partnership	公立-私营生产商伙伴关系
R&D	Research and Development	研发（研究和开发）
RARP	Rural Agriculture Revitalization Programme	乡村振兴计划
ROSCA	Rotating Savings and Credit Associations	民间合会（轮转储蓄和信贷协会）
RUDAFCOS	Rubuguri Dairy Farmers' Cooperative Society	乳牛业农场主合作社
SACCO	Savings and Credit Cooperative	储蓄信贷合作社
SDG	Sustainable Development Goal	联合国可持续发展目标
SHC	Smallholder Chicken	小农场种鸡

SNV	Netherlands Development Organization	荷兰发展组织
SFVC	Sustainable Food Value Chain	可持续的食品价值链
SFVCD	Sustainable Food Value Chain Development	可持续食品价值链开发
SWOT	Strengths，Weaknesses，Opportunities and Threats	态势分析法
UNIDO	United Nations Industrial Development Organization	联合国工业发展组织
USDA	United States Department of Agriculture	美国农业部
USP	Unique Selling Proposition	创意理论（USP 理论）
VC	Value Chain	价值链
VCA	Value Chain Analysis	价值链分析
VSF	Veterinarians Without Borders	兽医无国界协会
WWF	World Wide Fund for Nature	世界自然基金会

概　要

EXECUTIVE SUMMARY

不管是在发展中国家还是在发达国家，小规模牲畜饲养者在粮食生产、人类健康以及景观和动物遗传资源管理方面都扮演着重要的角色。然而，他们面临着许多挑战——市场准入和相关服务受限、环境限制以及能力有限等，这些挑战都降低了他们的生产力和竞争力，尤其与较大的同行相比。有些问题是家畜特有的，同时这些问题也代表了大多数家畜价值链发展的重要制约因素。

可持续的食品价值链（SFVC）框架（以下简称"框架"）是由联合国粮食及农业组织（以下简称"粮农组织"）提出、专门为在发展思维和干预设计方面提供指导而制定的市场导向型方案。该框架中提供的准则是一个实用的发展工具，它们主要侧重于小规模牲畜饲养者，面向的对象是项目设计小组、国家级方案管理人员和政策制定者。审议的三个关键目标是：

- 减少农村普遍贫困，特别是小规模牲畜饲养者；
- 提高小规模牲畜饲养者在不断变化的环境中的可持续性和韧性；
- 在经济和政治方面全面增强小规模牲畜饲养者的权能。

这些目标在一定程度上与联合国可持续发展目标的内涵相契合。它们还与《动物遗传资源全球行动计划》关于可持续利用和发展的战略优先领域保持一致。

概念和背景

该框架坚持按照以下对牲畜特定食品价值链的定义：

所有人和组织及其协调产生的增值活动使生产和加工牲畜产品

成为可能，而这些产品以在整个链条上有利可图的方式出售给最终消费者，对自然资源没有影响甚至产生积极作用的前提下，却能产生巨大的社会经济效益。它还充分考虑到其组成部分与有利的物质、社会和经济环境之间的相互作用。

该框架的市场导向型方案既包含增值过程，也具有可持续性。增值是生产活动的非劳动力成本与消费者愿意支付的价格之间的差额（根据对社会和自然环境的积极或消极影响进行调整）。增值由不同的利益相关者分享，并以各种形式存在：雇员的薪金或工资、企业的净利润、政府的税收和消费者剩余（市场价格与消费者愿意支付的价格之间的差额）等。可持续性有各种层面：经济层面（它在所有阶段都有利可图）、社会层面（它能产生广泛的经济利益）以及环境层面（它对自然环境无影响或具有积极作用）。在价值链分析和发展的背景下，我们必须了解不同利益相关方之间的相互作用——他们的生产活动、支撑他们的有利环境、驱动他们行为的根源和价值链的管理者。同时，考虑价值链在以上三个层面（经济、社会、环境）的表现更为重要。因此，我们才有可能探求问题根源，抓住机会提升目标价值链，并（与利益相关方一起）制定行动计划，以促进愿景建设和制定目标价值链发展战略。

世界上有广泛的家畜系统。然而，所有系统和相关价值链所共有的部分问题影响到系统和价值链的可持续性以及它们的管理。第一，牲畜往往具有多种功能——从生产（如食物、兽皮、皮毛和粪便等）和服务（如畜力、调节生态系统等）到储蓄和社会声望——这些功能可能促使小规模牲畜饲养者进行生产活动。第二，小规模牲畜饲养者往往都处在一个由不同的价值链相互作用构成的网络中，在牲畜价值链分析中必须考虑到所有的这些因素。第三，动物健康和食品安全是一个特殊的挑战：饲养者对牲畜采取必要医疗措施来维持生产水平和避免不必要的损失，而人畜共患的动物疾病有可能沿着价值链传染给人类。牲畜价值链还可能涉及具体的活动和过程，如育肥、屠宰、冷藏和奶制品加工等。第四，价值链可能需要特别关注某些贯穿各领域的问题，包括：牲畜与其环境之间或积极或消极的相互作用、妇女和儿童在牲畜管理中的具体作用、食物链的质量（例如味道、外观、营养价值、安全、粮食损失）以及动物福利等。

将理念付诸实践

价值链发展是一个动态的过程，共包括六个步骤。持续的监测使干预措施能够随着规模的扩大而进行必要的调整。该框架向用户介绍了以下步骤，突出了小农牲畜饲养业的特殊性。

1. 初步评估

价值链方案的第一步是了解实施这一方案更广泛的社会背景。该方案目标是什么？该方案是由谁发起的？该方案为什么发起？该方案在整个畜牧业发展战略中的作用是什么？该方案将如何执行（即执行文件、受益者、战略伙伴、时间表和资源等）？回答了以上问题之后，我们可以以此勾画出牲畜饲养业的特征，以便确定市场机会和潜力、需求和供应情况、所涉分部门和生产系统、经济重要性和贸易以及现有参与者和面临的挑战等。根据初步评估，我们就可以界定针对具体价值链的干预措施的目标、范围和指标，并确定战略伙伴。

2. 价值链选择

在（分）部门内选择要分析的具体价值链要以具体方案框架为基础，该框架提供了选择标准。首先要评估市场及其增长机会，其次是该部门的重要性及其对发展的影响（例如减贫、营养改善、就业等）以及变革的可行性和其他战略因素。然后我们才有可能（根据具体产品、渠道或市场）确定价值链的优先次序，并根据反映该方案目标和范围的标准对其进行排序。这些标准分类如下：①市场和增长机会；②该部门的相关性及其对发展的影响；③战略因素和变革的可行性。

3. 价值链分析

从业人员通过价值链分析从而了解价值链中的市场体系，它们提供的机会以及影响竞争力、可持续性和包容性增长的市场失灵等。

首先，我们要对终端市场进行全面分析，了解市场机会和动态，并评估增长潜力。第二，我们要绘制价值链图。价值链图包含以下方面：核心价值链（包括参与生产、聚集、加工和分销的参与者），延伸的价值链和支持部门（包括知识和技能、研发服务、饲料、兽医和金融服务等）以及有利环境（包括各组织和管理交易方式的正式与非正式的规则和条例等）。一旦绘制出了价值链图，我们就可以使用一套分析工具来更好地了解价值链在激励措施和能力、治理和体制问题方面的表现，以及评估是否存在有利环境、总体经济背景和可持续性方面的表现。这些工具包括：对增值量以及整个价值链的成本和利润率进行的定量分析；粮食损失评估；对环境足迹等的生命周期评估。此外，我们必须进行战略分析，以确定产业链的内部优势和弱点，以及影响其竞争优势、可持续性与包容性增长潜力的外部机会和威胁。我们对价值链的分析过程还应包括捕捉价值链的动态和影响价值链的因素。

4. 愿景和发展战略

一旦完成价值链分析，关键利益相关方和合作伙伴应制定并商定共同愿景，确立在具体时限内要实现的目标。目标应当具体和准确，包括可能的具体目标。然后，利益相关方和合作伙伴必须制定一项发展战略，同时考虑到价值链参与者和合作伙伴不利用市场机会的原因（即缺乏激励措施或缺乏能力）。基于这些考虑，该战略阐述了价值链方案如何帮助参与者实现愿景中确立的目标。

5. 设计和实施

行动计划详细说明了执行该战略的具体步骤。它将战略分解为几个部分——内容、方式、时间、参与者以及地点等，并包括对核心价值链支撑市场和有利环境的干预。公私伙伴关系预计将是价值链发展战略和执行工作的核心，在执行该方案之前必须明确界定所有伙伴的作用、责任和所有权，这一点非常重要。

6. 监测、评价和规模扩大

监测和评价系统利用成果和影响指标，跟踪项目指导情况，并衡量项目实效和影响。就项目的地域扩展、制度化和加强而言，扩大规模是必要的，并应纳入总体发展战略。

最后，明确的淘汰战略确保干预措施的可持续性，也确保系统继续对变化的市场、社会和环境条件作出反应并不断适应。

通过整合增值的概念和可持续性的三个层面，该框架不仅解决了小规模牲畜饲养者的竞争力、包容性和赋权相关的问题，而且纳入了日益嵌入发展项目的跨部门交叉问题。该框架的设计是灵活的，应与其他旨在解决具体横向问题的工具和方法一起使用。然而，**在价值链发展方案的每个阶段都必须考虑到畜牧业的特性**。可持续的食品价值链框架还可用于补充国家发展战略和方案，可能在发展牲畜部门和减少饥饿和贫穷方面发挥关键作用。

致　谢
ACKNOWLEDGEMENTS

如果没有许多个人的协助，他们投入了自己宝贵的时间、精力和专业知识，如果没有各国政府的合作和支持，本报告是不能顺利编写完成的。粮农组织谨借此机会向所有贡献者致谢。

该报告由粮农组织动物生产及卫生司畜牧生产及遗传资源处编写。这些准则的主要作者是 Gregoire Leroy（由法国政府附议）和 Myriam Fernando。这项工作得到了畜牧生产及遗传资源处处长 Badi Besbes 先生以及该处干事和实习生 Veronique Ancey、Roswitha Baumung、Paul Boettcher、Natasha Maru、Gregorio Velasco Gil 和 Luan Li 的协助和支持。粮农组织其他单位的同事也为报告的编写作出了重要贡献，特别是 Alejandro Acosta、Mohammed Bengoumi、Irene Hoffmann、Laura De Matteis、David Neven、Alejandra Safa、Florence Tartanac 和 Astrid Tripodi。

此外，来自十多个国家的专家作为审查人或地中海高级农业国际研究中心（CIHEAM）和全国绵羊和山羊养殖者协会组织（ANOC）的两个筹备讲习班的参与者为本报告的编写作出了贡献：Geneviève Audet-Bé langer、Alberto Bernues、Dilip Bhandari、Francois Boucher、Abderrahman Boukallouch、Jeanne Chiche、Mona Dhamankar、Said Fagouri、Bernard Faye、Dunixi Gabiña、Jørgen Henriksen、AbderrahmanJannoune、Ilse Koehler-Rollefson、Anne Lauvie、Antonio López-Francosmaria、Cecilia Mancini、Nassim Moula、Mhilipp Muth、Roberto Ruiz 和 Olaf Thieme。同行

审稿的 Jonathan Rushton、David Neven、Wei Liang 和 Ugo Pica-Ciamarra 受到高度评价。这些准则已得到粮食及农业遗传资源委员会的认可。

粮农组织谨向所有这些个人以及在此未提及的为制定准则作出贡献的人表示感谢。

目　录
CONTENTS

第一部分

内容和概念

介　　绍

在发展中国家和发达国家的粮食体系中，小规模畜牧业者都是食品生产的主要利益相关者。因此，他们也是人类健康与景观管理的利益相关方。无论规模大小，畜牧生产都是一种经济活动；因此，养殖者与市场的联系紧密程度对于畜牧业发展而言极为重要。由于当前发展中国家畜产品需求量不断上升，且预计今后还将持续上升，养殖者与市场的联系紧密程度显得更为重要。

加强小规模养殖者与市场联系符合联合国粮食及农业组织制定的几项目标，包括提升农业体系和粮食体系包容度及效率，提高农业可持续生产力，缓解农村地区贫困问题，以及消除饥饿和营养不良。这些目标也呼应了联合国可持续发展目标（SDGs），例如第一条目标（在世界每一个角落消除贫困/消除全球贫困/消除贫困）；第二条目标（消除饥饿，实现食品安全、改善营养和促进可持续农业）；第八条目标（促进包容、可持续的经济增长，实现充分就业，确保人人有体面工作）；第十二条目标（确保可持续消费和生产模式）以及第十七条目标（加强执行手段，重振可持续发展全球伙伴关系）。

《动物遗传资源全球行动计划》（联合国粮食及农业组织，2007）将支持土著和当地生产体系市场准入作为可持续使用与发展行动的重点。小规模畜牧业者通常养殖本地和适合本地饲养的牲畜品种（联合国粮食及农业组织，2012a）。过往研究旨在收集推广本地牲畜品种并改善牲畜养殖者生计的行动案例（LPP 等人，2010）。总体上来说，针对小规模畜牧业者的可持续发展价值链也许能够促进牲畜养殖和丰富牲畜基因多样性。

这些指导原则旨在充当发展工具作用，在各方参与基础上，设计干预措施，并以可持续方式发展和改善价值链（VC）。为此提出三个关键目标：

- 总体实现农村减贫，尤其关注小规模畜牧业者；
- 在环境变化和气候变化的背景下，提升小规模生产者/养殖者可持续力和复原力；以及
- 以包容性态度，从经济和政治上赋权小规模牲畜养殖者。

　　与其他价值链工具、指导原则和指导手册不同，可持续食品价值链关注的是，价值链框架内小规模牲畜养殖者面临的问题。

　　这些指导原则针对的是各国政府部门决策者、国家项目管理者、项目设计组、农民组织以及关心价值链发展的合作伙伴们。然而，最终受益者不应只是小规模养殖者，还应包括作为中间人和支持者参与价值链各阶段发展的各类人士。

为什么选择可持续价值链方法

这些指导原则遵循可持续食品价值链开发（SFVCD）方法，旨在助力食品行业升级。可持续食品价值链开发方法基于以下原则：

- 衡量绩效。要统筹考虑三项可持续性维度，即经济维度、社会维度、环境维度，包括形成合力和权衡取舍。
- 认识绩效。该方法采取全盘视角，各相关系统呈动态紧密联系，以治理为本，受市场驱动。
- 提高绩效。将价值链分析（VCA）转化成有效干预手段需要明晰愿景，优化策略，但这一过程还必须具有可推广性和多边性。

考虑小规模牲畜养殖者面临的主要机遇和挑战，有助于更好地理解可持续食品价值链方法在目标达成中扮演的角色。

要满足日益增长的需求，就要实现畜牧业数量和质量的双提升。市场导向的可持续食品价值链开发方法有助于满足持续增长的需求，同时也是改善小规模养殖者生计的一大机遇。

然而，**与大规模生产者相比，小规模牲畜养殖者面临许多挑战**：环境限制、市场渠道不畅、相关服务获取困难以及产能有限都会削弱其生产力和竞争力。对于小规模养殖者而言，进入市场是确保他们的生计能够得到改善的关键：实际上，难以进入市场往往与农村人口贫困有极大关联性（联合国粮食及农业组织，2012b）。小规模养殖者在市场交易中，常常因投入物（如饲料或兽药）质量低下，缺乏服务意识和专业知识，交易成本高昂，卫生条件不达标，以及在与商人及中间商交易时议价能力有限而受到阻碍（Markelova 等人，2009；联合国粮食及农业组织，2012b）。除此以外，缺乏组织管理，或是缺乏政治框架以及合适的基础设施会导致产品与市场连接出现问题（McDermott 等人，2010）。必须要考虑社会规范：例如，相较于男性牲畜养殖者，由于获取生产资源、技术、信息以及服务的能力更为有限，女性牲畜养殖者也许面临更大限制。最后，总而言之，畜牧业发展通常缺乏专门政策框架，其部分原因是该产业常被视作小农农业的次要组成部分（联合国粮食及农业组织，2012b）。

可持续食品价值链开发方法背后的发展范式和变化理论反映出食品生产体系的复杂性：价值链（包括价值链之间的相互关联及其所处环境）能产生激励和能力；这些决定了参与者行为，从而影响价值链表现；价值链表现可能会影响系统结构和参与者行为。总之，反馈循环由此形成。可持续食品价值链开发方法旨在减少农村贫困，强化可持续性，提升小规模牲畜养殖者复原力并赋权于他们；为此，要考虑各类循环，聚焦投资、乘数效应或社会环境进步（图1）。通过资产回报（投资循环），小规模养殖者可以将其生产活动发展成为商业化农业，可持续价值链开发致力于造福这些小规模养殖者。

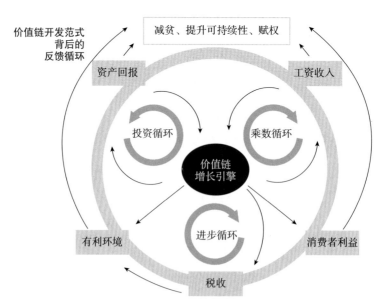

图1 变化理论和可持续价值链开发范式

资料来源：改编自联合国粮食及农业组织，2014a。

然而，可持续价值链开发范式还涉及通过价值链创造体面的就业机会（乘数循环）。例如，利用饲料、药物或人工授精等新投入物和新技术提高产量，需要提供充足服务，这就涉及创造新的就业岗位。最终，随着价值链（在经济、环境和社会方面）更具可持续性，税收将以教育、道路、基础设施等公共服务发展，以及造福社会全体成员的公共服务延伸等方式，改善环境（进步循环）。

不光要考虑经济可持续性。可持续性的其他支柱——环境维度和社会维度——对于畜牧业发展至关重要。未来，资源（土地、水等）竞争愈趋激烈，可能严重影响畜牧业生产系统，包括涉及小规模养殖者的生产系统（McDermott 等人，2010）。气候变化可能对畜牧业生产产生深刻影响，尤其是撒哈拉以南非洲地区以及南亚地区，贫困率和食品不安全比率早已高居世界前列（Vermeulen，Grainger-Jones 和 Yao，2014）。例如，据预计，未来数十年，位于干旱和半干旱地区的牧场作物生长季将缩短 20%（Thornton 等人，2007）。社会文化变化可能会影响畜产品消费量（Thornton，2010）。目前，获有机认证或其他质量认证的畜产品数量虽仍然较少，但较几年前已经有了大幅增加（McMorran 等人，2015；FIBL/IFOAM，2018）。人们对牲畜遗传价值（例如，对于特定本地品种）的兴趣不断增加，可为本地产品创造附加值（Gandini 和 Villa，2003）。除此以外，人们越来越担忧关于家畜使用的道德和环境问题；尽管出于这种担忧，人们可能会减少动物产品消费，但对于将动物福利以及其他社会问题纳入考虑范围的生产体系来说则会产生激励作用。

牲畜生产系统要考虑的因素十分广泛（包括多功能、输入与输出准备、卫生质量、社会公平等）。因此，价值链方法要求着眼整体，不仅要考虑供应链本身，还要考虑供应链所处的大环境、供应链动态变化以及供应链与其他系统的关联性。分析工具选择要依据具体情境——例如，碳排放评估、态势（优势、劣势、竞争市场上的机会和威胁）分析法、终端市场分析或价值链绘制。

畜牧业市场与小规模牲畜养殖者

1. 畜牧业市场的具体特点

市场是民生的主要驱动力，完善市场准入是转型期经济体减贫的有力催化剂（粮农组织，2012b）。对畜牧业而言尤为如此，2007—2030 年，发展中国家肉类需求预计增长 2.2%，牛奶需求预计增长 2.1%（Alexandratos 和 Bruinsma，2012）。发展中国家城镇化水平与人民收入日益提升。随着平均收入的增加，这些国家的消费者对于畜产品以及高质量产品的需求都将不断增加（McDermott 等人，2010）。近年来，发达国家消费总量虽已趋于平稳，但预计其对可持续产品的需求将升高（联合国粮食及农业组织，2017a）。

畜牧业市场特征多样，其中一些特征为畜牧业整体特有，其他特征则与特定商品相关。从生产角度来说，由于特定生理周期或饲料供应的复杂性，畜牧业系统往往呈现生产周期长的特点（Rich 等人，2009）。生产周期长（例如，肉牛出栏周期为 2～5 年）意味着养殖者要承受长期的投资风险。畜牧业营销是小规模养殖者风险管理策略的重要组成部分，在某些情况下，这种营销更多是受收入提高需求增加而非价格变动所驱动，即养殖者的供给价格需求弹性很低。两种主要商业化形式分别是活畜和各类畜产品（主要是肉类和奶类）：2016 年，活畜出口额约占全球动物产品出口总额的 10%，占西非动物产品出口额的 52%（ITC，2017）。这增加了运输过程中需要面临的各种挑战：畜产品储存与冷藏；饲料管理和活畜引发的动物源性疾病。就运输距离和交易商数量而言，畜牧业营销链有可能很长。交易和加工形式各异（取决于最终产品）；除潜在交易成本外，还涉及大量就业服务和投入（Rich 等人，2019）。在供应链终端，畜产品在大批零售店以各种零售方式出售（世界银行，2014）。由于可能涉及大量市场失灵、高昂交易成本、价格波动、信息不对称、缺乏组织能力、监管失灵以及市场力量不均状况，需要认真考虑这些特殊性（Rich 等人，2009）。

动物产品富含蛋白质，能为人体提供大量微量元素，对人体营养和健康有益。与庄稼作物相比，牲畜价格通常更高，因此，动物源食品（ASF）消费增长与收入增加密切相关。动物源食品消费还与社会文化态度密不可分。人们对动物福利和环境相关道德问题的担忧日益增加，预计将影响发达国家消费量（Thornton，2010）。而宗教因素（宗教禁忌、宗教节庆等）会严重影响对特定商品的总体或时令性需求。

畜牧业市场必须考虑各类质量问题（味道、卫生安全、服务）。畜产品极易腐烂，可以根据产品需求、现有技术以及文化因素加工成各种产品，因此其卫生质量尤为重要。低质量动物源食品会危害人体健康；产品评估影响服务提供。因此须将妥善储存和或生物安全标准相关问题纳入考虑范围。社会文化因素影响味道，不同时间、地域味道各不相同。

最后，各种畜牧业市场规模（本土、国内、国际）也需要考虑在内。在发展中国家，非正规部门（例如，未被正式安排涵盖在内或部分涵盖在内的畜牧业市场部门）可能占据本土市场极大份额。另一方面，应该强调的是，活畜及畜产品国际贸易正在扩张：交易额占国际贸易总额比例由 20 世纪 80 年代的 4% 增长到 2013 年的 12%（Guyomard，Manceron 和 Peyraud，2013）。与发达国家和巴西、印度等新兴经济体相比，大部分发展中国家养殖者在国内外均缺乏竞争优势（联合国粮食及农业组织，2012b）由于能力有限和或单位成本高，加之难以达到卫生高标准，这些养殖者们不仅无法从国内需求增长中获益，也无法进入出口市场。对于小规模养殖者来说尤其如此。

2. 哪些人属于小规模家畜养殖者？

要整体上定义全球小规模家畜养殖者并不容易。必须考虑各种因素，包括规模（土地面积或牲畜数量）、家庭动态、贫困、生产力、生产系统以及决策过程（联合国粮食及农业组织，2013a）。尽管这些因素往往相互关联，但在各个国家、生产系统以及不同农业生态区还是有所区别（联合国粮食及农业组织，2017b）。为遵循这些指导原则，广义上将小规模家畜养殖者定义为，与部门内其他生产者相比，资源禀赋有限的畜牧业者。例如，由于可持续性受有限资源限制，牧民即使拥有大规模畜群，也被视为小规模养殖者。

在价值链中，小规模家畜养殖者饲养牲畜种类、生产产品、运营生产系统以及产能各不相同。特别要注意的是，饲养牲畜种类是这种差异的主导因素。饲养牲畜种类选择极大程度上取决于当地环境。某些物种，如骆驼和和牦牛，尤其能够适应极端条件。多胃动物比猪、鸡等单胃动物与环境联系更为紧密，单胃动物的圈养和饲养与环境关联性不大。饲养牲畜种类也会反映社会文化信仰（例如，宗教禁忌），他们还会决定最终生产的产品种类（肉、奶、蛋、毛皮、粪便等）。

价值链组织取决于产品种类（可运输性、价值以及卫生要求）以及客户（买家/消费者）。有必要考虑产品聚合、转化（包括屠宰）以及分销。因此，价值链复杂程度根据直销（从生产者到消费者，常常通过非正式市场）和多步骤链条（涉及多个中间商和目标国际市场）有所区别。在发展中国家，非正规部门消费份额可能占比巨大。例如，在肯尼亚和埃塞俄比亚，高达70%的牛奶通过非正规市场出售（Staal，NinPratt 和 Jabber，2008）。

根据不同生产系统，牲畜饲养者也可分为畜牧或混养/家畜饲养（Gerber 等人，2003）。尽管牧民仅以畜产品为生，在家畜（主要是鸡和猪）以及农牧结合（通常是多胃动物）系统中，相较于牲畜在家庭食品安全、储蓄、残渣再利用、畜力以及粪便生产中的重要性，其在家庭收入中的占比就显得不那么重要（插文1）。实际上，是否饲养牲畜不一定与市场价格有关。例如，养殖者可能因为急需现钱支付学年学费，而以非市场价格出售幼畜。尽管在混养/家畜系统中，牲畜能够提供很大一部分家庭收入，但畜产品附加值常常与其他活动联系紧密，不应单独考虑。在实施价值链方法之前，要确定牲畜养殖者是否有理由与市场互动，这十分重要。

3. 畜牧业及相关价值链有关常见问题

尽管存在许多差异，即使不是全部，至少全球大部分小规模牲畜养殖者面临许多共性问题（图2）。这些问题会不同程度地影响农业系统和相关价值链的可持续性。

谈到畜牧生产，要记住家畜需要不间断投入（饲料、水等）并持续产出（牛奶、粪便等）。小规模养殖者极度依赖本土以及外部**饲料来源**。在一些情况下，饲料供应能够构成一条单独的价值链，在工作量、畜产品供应、组织以及与中间商的互动方面产生影响。

由于育种涉及基因资源管理，另一潜在的需要考虑的因素是**育种**。然而，其相关性取决于所涉及生产系统。一些小规模养殖者无特定育种习惯，而其他小规模养殖者则依赖于通过人工授精（AI）或是种畜来改良基因。无论哪种情况下，小规模畜牧业者都在粮食和农业发展、使用和保护动物基因资源中起到根本作用（联合国粮食及农业组织，2013a）。

尽管一些小农生产系统可以被视为无地经营或后院经营，所有农民（在无地经营情况下，间接）**依靠土地和水等相关资源**来进行放牧或饲养。牧民尤其

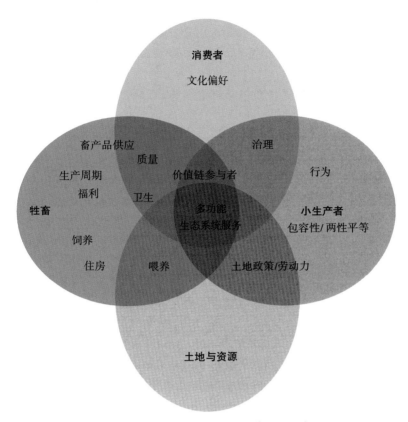

图 2 影响小规模养殖者和价值链的因素

关心这一问题，他们的生计取决于动物的流动性。这会在土地所有权、市场准入以及服务方面产生影响。

小规模畜牧生产系统具有**功能多样化**特点——这是复原力的重要构成部分。在价值链干预方面，任何有其他畜牧业功能的动作干预都要加以仔细权衡。例如，保障农民基本生活的牲畜饲养同时也是为了满足特定（长期或短期）开销的一种储蓄形式。因此，如果农民改变商业模式并由此改变其行为，那么他/她也将需要找到其他融资形式（见插文 1）。

> ### ➡ 插文 1 生计和商业导向型牲畜养殖者
>
> 鉴于小规模养殖者的多样性，并不是所有家庭都有意愿或能力改善其生产活动。可以假设，收入微薄的农户缺乏改变其生产行为的动力。从生计角度讲，如果高投资回报率绝对值较低（将牲畜饲养的各种收益考虑在内），

则高投资回报率将无利可图。尽管养殖者可以通过牲畜养殖获得大量商品和服务，但有迹象表明，他们一旦拥有工资收入等其他选择，就有可能退出畜牧业。

针对几个非洲国家进行的一项调查显示，牲畜养殖收入在各国家庭总收入中所占比重有巨大差异，9%～22%不等。因此，有人提议，应将畜产品收入所得占家庭收入比重在 25%以下的家庭定义为生计导向型养殖者，而将畜产品收入所得占家庭收入比重在 25%以上的家庭定义为商业导向型牲畜养殖者。在受调查国家中，商业导向型牲畜养殖者占据各国全部牲畜养殖者数量的 5%～21%。他们更有可能改变自身行为模式，以满足不断增长的畜产品需求。同样，这些养殖者受益于并参与畜牧业价值链项目的可能性也更高。应当指出，25%仅仅是一个指标，具体要结合当地实际情况、特定项目的具体目标以及给牲畜养殖者带来的潜在经济或非经济效益来考虑。同时，某些价值链项目可能恰恰旨在帮助养殖者从生计型导向转变为商业型导向。然而，仔细评估哪些（经济及非经济）激励措施能促使小规模养殖者转变其行为方式，也是十分重要的。

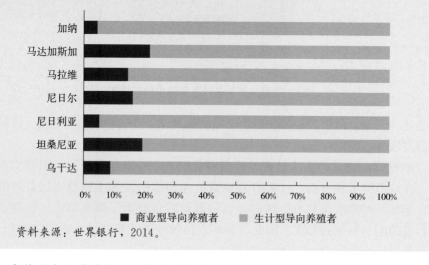

资料来源：世界银行，2014。

畜牧生产和消费的**季节性**特质是另一重要的考虑因素。在任何特定时间，畜牧业当前生产份额并不一定能反映价值链的完整状况（Kaplinsky 和莫里斯，2001 年）。牛奶生产和育肥效果根据饲料供应情况而有所区别。例如，在伊斯兰国家，由于牲畜祭品需求导致肉类或活畜销售的需求量突然在短期内骤增，某些宗教节日会对价值链造成直接影响（Strasser、Dannenberg 和 Kulke，2013）。

　　所有畜牧业价值链都必须考虑**动物健康**。一般来说，需要兽医护理来维持生产水平，防止损失和避免动物源性疾病传染到人（这是近几十年来的真实状况，有时甚至是全球性现象）。营销链为病原体传播提供了大量机会，从家畜和野生动物接触在链条的一端展开，并在受污染畜产品消费在链条另一端结束（联合国粮食及农业组织，2011a）。

　　整个营销链食品**质量**涉及不同方面，包括味道和质地、营养、纯度、安全和卫生、食品损失等。每一方面都会在牲畜链各个环节产生结果：活畜育肥、运输和屠宰，以及畜产品存储都会对质量造成极大影响（Strasser、Dannenberg 和 Kulke，2005）。例如，在发展中国家，营销链食品损失减少会对小规模养殖者生计产生重大影响（联合国粮食及农业组织，2011b）。为保障质量，畜产品生产需要特殊加工设备和基础设施（屠宰场、奶罐、乳品厂、制革厂等）；这些设备可能是关键价值链的组成部分，还可能涉及畜牧链管理的重要参与者。

　　动物福利问题日益引人关注，尤其是在发达国家，动物福利常常影响消费者选择，并引发关于标准和标签的社会争论。同时，应考虑畜牧生态服务的文化重要性。

　　最后，**妇女、儿童以及某些族裔**可能会充当不同角色和负担多样责任。应分析女性和男性、儿童以及年轻人在价值链各个节点上的角色。这需要了解各类参与者如何参与到价值链之中：他们如何从中受益？他们如何获得和掌握资源和服务？他们的决策参与度如何？识别性别不平等有助于计划和项目解决这些问题，在改善畜牧业价值链表现的同时，提高畜牧业价值链的可持续性和包容性。

　　另一方面，在社会决定因素（性别、年龄、教育等）、当地条件（气候、基础设施等）、总体监管框架（法律、农民组织等）方面，**有许多因素能划分小规模生产者**。例如，在越南，距市场距离影响养猪系统组织（Herold 等人，2010）。此外，在不同国家和地区，不同牲畜种类的社会文化角色会有所不同。一些地区一直是由女性负责、年轻家庭成员辅助饲养牲畜（家禽、小反刍动物以及奶牛饲养）。由于女性和年轻人获取资源、信息和服务的能力有限，决策参与度也不如男性，这对于赋权来说既是挑战也是机遇（联合国粮食及农业组织，2011c）。

可持续价值链框架

1. 定义

联合国粮食及农业组织（2014a）对凯普林斯基（Kaplinsky）和莫里斯（Morris）（2001 年）提出的价值链定义进行了粮食产品特定领域调整。可持续发展食品价值链（SFVC）定义如下：

全部农场和公司以及其连续协调增值活动产出特定农业原料，并将这些原料转化为特定粮食产品，最终卖给消费者并用后处理，整个过程均能产生效益，有利于社会，且不会永久耗尽自然资源。

这些指导原则仅限于畜牧业，尤其是小规模养殖者。因此，对于专门针对畜牧业的食品价值链的恰当定义是：

全部人和组织以及其协调增值活动产出并转化出畜产品，并将这些产品最终卖给消费者，整个过程均能产生效益，有利于社会，且对自然资源无影响或产生积极影响。它充分考虑其组成部分，现实、社会以及经济有利环境之间的相互作用。

与价值链相关的人和组织做出一系列**核心活动**（他们在这些活动中对产品拥有所有权）：产品、系列/集合、加工和分销（批发和零售）。除社会文化特点外，这些活动取决于考虑到的物种、最终产品以及市场渠道（例如，从养殖者到最终消费者之间的通道）。这一活动由**扩展服务**（支持或限制产品流动）补全：例如，营销、检查和培训。了解参与运作、影响或实施价值链者（人、组织、机构）之间的关系以衡量、理解和改善价值链绩效十分重要。实际上，可持续食品价值链发展包括了解参与者行为，以指导他们提升协调性和可持续性（正式合议、社会文化规范等）。

广义上，**可持续食品价值链框架由市场驱动**：它寻求改善市场和价值链的可能，确定关键问题，发掘并克服潜在市场失灵。

增值是价值链概念的核心，因为由广义上的协调价值链参与者从事的活动能创造价值。事实上，价值链的主要目标是高效利用终端市场产出的价值，来为从生产到销售过程中的所有利益相关方产出创造利润和成果，价值链分析必须考虑增值部分的分配，考虑：社会和环境影响；少数群体和性别方面（因为性别平等和经济增长能够相辅相成，而相反，性别不平等往往会导致价值链成本增加和效率降低）；消极和积极外部性（例如，环境足迹、疾病风险和损害食品安全）。

可持续食品价值链框架**考虑价值链经济、社会和环境可持续性**。在整个链条中，可持续食品价值链都需要盈利，为社会带来广泛益处，对环境产生积极（或无）影响。因此，在项目中，有必要将可持续性的多维度概念融入：策略制定和干预措施实施；价值链绩效评价评估；以及监测、跟踪和退出策略。

要考虑各类涉及层面之间的最终权衡，同时要牢记他们可能会创造价值（例如，基于为区分市场产品而提供的生态系统服务的营销活动）。

良好环境是重要考量因素。必须包括不同程度（本地、地域、国家和全球）的多个层面（经济、法律、社会文化、物流和道德），并纳入畜牧业多功能所产生的相互作用。正如韦伯和赖巴斯特（2010）所讨论的，价值链包括与其他提供中间商品和服务的价值链有纵向和横向联结的价值链。某一条价值链往往是由与提供给小规模养殖者的各类产品相关的不同价值链构成的复杂网络的一部分。这些价值链必须纳入可持续商品价值链框架考虑范围。

许多从业者从发展角度——从市场体系、包容性商业模式、本地化农业食品系统等方面看待价值链（联合国粮食及农业组织，2014a）。然而，可持续食品价值链框架可以包含在粮食体系这一广泛概念里，包括养活人口所需全部流程和基础设施，因此包括影响一个特定食品市场的所有食品价值链（例如，某一国家的价值链）。

2. 价值链及其环境

如果聚焦于将产品由生产者到消费者这一活动范围，价值链如图 3 所示。

在该流程的每一步中，不同利益相关者起到不同作用。在关注小规模养殖者时，要考虑生产同价值链其他功能（聚合、加工、分销等）之间的相互作用（信息、治理）。

由于畜牧业养殖者对饲料、药物或繁殖材料等投入具有依赖性，在大部分畜牧业价值链中，服务和投入提供者是重要利益相关方。然而，价值链的每一步都需要投入和服务。投入和服务提供者因此在支持创造价值过程的链条中发挥关键作用。在某些阶段，如果投入和服务提供者拥有了中间产品，他们就融入了核心价值链。因此，提供投入和服务可被视为核心价值链或支持服务的一部分。

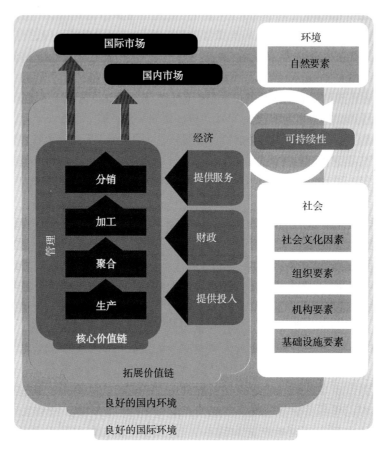

图 3　可持续食品价值链分析框架

资料来源：FAO，2014a。

国内和国际有利环境是可持续食品价值链框架的重要考虑因素。首先，由于小规模畜牧业养殖者往往高度依赖其所在物质环境，尤其是牧民，他们与土地联系紧密。其次，从所需中间行为（聚合、加工类型和分销）以及增值方面来看，存在（或缺乏）物流基础设施（道路、市场、火车等），以及生产者与消费者之间存在距离，会对价值链产生重要影响。最后，有利的环境包括其他方面，例如国家立法、政策项、组织和社会文化因素，对于了解价值链及其表现都十分重要。

3. 价值链网络与治理

由于畜牧业具有多样化功能、市场多样性（例如，针对不同类型消费者的各种短供应链发展）或商品多样性（例如，肉类/牛奶或作物/牲畜），小规模养殖者可能会参与各类价值链。奶牛养殖者能够售卖牛奶、牛肉和粪肥：每件产品至少涉及一条价值链和多种潜在营销渠道。每位利益相关者可能起到多种作用（图4），与其他参与者保持复杂关系。例如，一位利益相关者可以同时养殖牲畜和供应兽药；某些养殖者还会售卖繁殖牲畜。因此，治理分析和干预设计必须考虑利益相关者之间的既存相互关系，以及将个人和组织纳入特定价值链中的驱动因素。要评估治理这些价值链的关系和规则，从而了解参与者行为，并决定这些行为为何会导致效率低下，以及应采取哪些激励措施来改变这些行为。

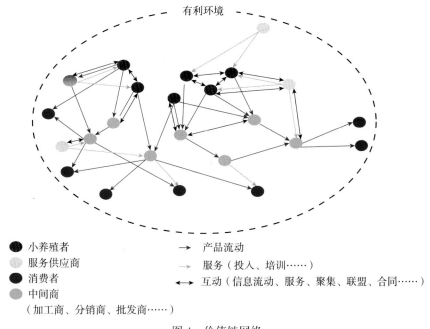

有利环境

● 小养殖者   → 产品流动
○ 服务供应商   ⇢ 服务（投入、培训……）
● 消费者   ↔ 互动（信息流动、服务、聚集、联盟、合同……）
○ 中间商
（加工商、分销商、批发商……）

图4 价值链网络

要把价值链网络里的所有要素都考虑进来是一件非常复杂的任务。因此，建议只针对特定目标，选择最重要的价值链（国际农业发展基金，2016a）。尽管如此，由于任意一条特定链条中的任何变化都会对其他价值链产生影响（例如，对养殖者收入和活动产生影响），必须考虑网络内的不同联结（横向和纵向）。

鉴于价值链发展的复杂性，往往以"一次一条价值链"的原则来处理。因此，严格意义上的分析要求先整体观察价值链中涉及的小规模养殖者，然后仔细选择值得优先发展和改进的特定价值链，同时要把市场潜力和可持续性等标准考虑在内。

4. 附加值

附加值是价值链方法的核心。从生产者到消费者，产品要在加工、存储和运输过程中增值。对价值链利益相关者而言，增值是指，在调整外部因素后，产品生产的非劳动力成本和消费者心理价格之间的差额（联合国粮食及农业组织，2014a）。图5中描述的增值说明了，创造出的价值是如何在不同利益相关者之间分配的：员工工资或收入、公司净利润、政府税收以及消费者剩余（即市场价格与消费者心理价格之间的差额）。价值链经济可持续性反映在价值创造中。社会可持续性取决于所创造出的价值如何在利益相关者之间进行分配，以及是否会对社会产生不可接受的影响（例如，虐待动物）。最后，环境可持续性受消极外部性（如环境污染）和积极外部性（如生态系统服务）影响。

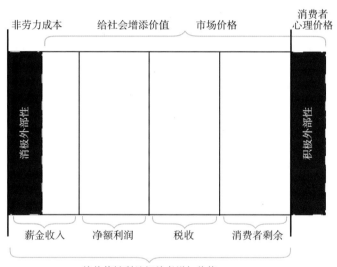

图 5　附加值概念解析

资料来源：联合国粮食及农业组织，2014a。

对于决定通过资产回报成为商业农民的小规模养殖者，可持续食品价值链发展和充足的附加值分配应有利于他们。但是，如前所述，大多数小规模养殖者这么做的可能性不大。然而，可以预期，随着生产力提升，生产同样数量的粮食所需要的劳动力会减少。由于少数（大约30%）小规模养殖者有可能成为企业家，许多小农场主将不得不外出务工（联合国粮食及农业组织，2014a；国际农业发展基金，2016a）。但是可持续价值链发展范式会在整条价值链当中创造出体面的就业机会（例如，食品价值链供应投入或在价值链下游工作）。

增加新投入和技术来提高生产将可能需要相关服务，因此会为价值链上创造出新的就业机会。新技术和新系统可能会把一些人排除在价值链之外，尤其是女性小农。因此，**必须解决教育差距、避险社会规范和时间限制问题，以确保小规模女性养殖者能获得新技术。**

5. 价值链可持续性

由于价值链中的任何变化都有可能在各个层面产生影响，有必要考虑可持续性的三个维度（经济、社会和环境）（图6）。

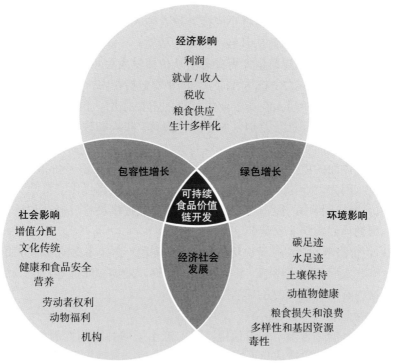

图6　食品价值链可持续性的三个维度

资料来源：改编自联合国粮食及农业组织，2014a。

在整个价值链中创造附加值要确保价值链**经济可持续性**。但是，必须强调以下几点：

- 价值链利益相关者需要理由——经济或其他理由——来按照建议改变他们的行为。换言之，价值链利益相关者若要在价值链发展或改善过程中改变其行为。附加值必须对所有利益相关者有利（不仅是小规模养殖者），其他可能影响利益相关者的变化因素，如工作负担，也应考虑在内，这一指导原则针对的女性小农也是如此。整体而言，所有可能的激励措施都应考虑在内，因为最终是否成功取决于不同利益相关者的积极性。

- 价值链可持续性极大程度上取决于在经济和环境发生变化时的复原力和应对能力。因此，价值链长期适应并发展的能力也应反映在价值链评估当中。
- 畜牧生产不仅仅是其提供的常规收入。正如前面所强调的，畜牧业通常包括在生计多样化策略之中。牲畜售卖是为了满足特定需求，或为满足基本需求（种子、购买、学费）或处于特殊目的（嫁妆、急需用钱）；牲畜购买取决于现金可获得性。

为实现**社会可持续性**，需将小规模养殖者纳入价值链。农业发展的包容性或排外性取决于生产者如何从其经济活动中受益——无论性别、族裔、宗教或年龄——且并非所有小规模生产者都有望从价值链发展中受益。尽管如此，可持续食品价值链开发应力争将尽可能多样的小农包括在内。需要指出以下几点：

- 基于女性和年轻人在畜牧业生产中的重要作用，价值链发展项目应充分考虑性别和社会差别（如年龄、族裔、收入和教育），包括家庭层面和个体层面。
- 创造体面的就业机会不应只局限于农业：必须在整条价值链中创造就业，因为就业为无法升级其活动的小规模养殖者提供了机会。
- 价值链项目中的能力建设活动能够为小农提供教育、流动和社交机会，帮助他们实现非农就业。

最后，价值链发展必须解决**环境可持续性问题**，需要考虑的具体方面包括：

- 哪些方面受到了影响（土壤、水、空气、生物多样性等）？
- 这些影响是积极的还是消极的？
- 影响范围（本土、区域、全球）？
- 这些影响是否影响到价值链本身？产生了何种影响？例如，土壤迅速退化会对放牧造成负面影响，而景观管理会带动旅游业消费本地产品。

此外，**产品质量**是保障价值链可持续性的关键。新开发价值链应为消费者提供更多样、更有营养、更安全的食品选择。无论是产品加工保存还是动物疾病风险，食品安全都是畜产品要考虑的重要问题。

要解释可持续性的不同方面和层面并非易事。评估可持续性非经济价值可能极为复杂；此外，改善价值链中的某一要素可能会对其他要素造成负面影响，因此要注意取舍。例如，Magnani、Ancey 和 Hubert（2019）阐明了，为稳定和增加牛奶产量，而在萨赫勒地区推进集约化和牧民定居进程，这在农业生态系统退化和气候不确定性管控方面存在不少缺陷。

价值链分析和发展步骤

价值链发展是一个周期性过程，包括几个步骤（图7）。指导原则第二部分描述了六个步骤，突出了其特殊性，并提供了小规模畜牧业部门的实例。

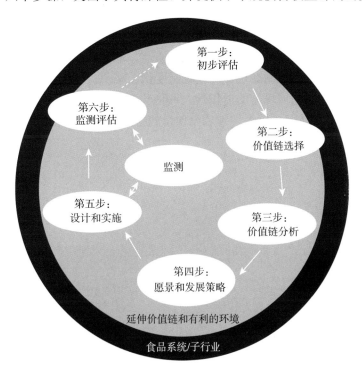

图7 价值链发展循环

初始评估。对粮食体系/（次级）部门的初步评估是在特定项目情境下（物种/商品、受益者和工具、战略伙伴、时间和资源等）实现的。

价值链选择。利益价值链在确认效率缺乏、相关性和通过精心设计的干预有潜在变化和影响的情况下优先考虑。然后选择一条或多条利益价值链。

价值链分析。选定的价值链在提前确定的目标和干预范围基础上定义和定位。这一过程涉及几个要素：确定价值链整体规模；确认从源头到终端市场的路径；衡量产品在价值链上流动时成本以及产品价值如何增加；考虑市场链此前以及未来可能发展；确认价值链比较优势以及潜在销售或盈利增长领域。价值链分析（VCA）旨在更好地理解价值链治理，其经济、社会和环境可持续性，以及价值链参与者的动力和能力。根据分析范围和可用数据，可以使用许多不同的经济和非经济工具，包括畜牧业工具。应当从根源问题、影响点和改善目标价值链机会来进行分析。

愿景和发展策略。与价值链参与者合作，制定愿景和发展策略，包括制定行动计划，明确规定参与者和合伙人责任，以实施干预。

设计和实施。必须从整体上按序排列行动，以通过理性方式进行能力建设并处理任何局限性。此外，要加强项目设计灵活度，从而适应项目最终变化。

监测和评估。监测和评估系统（M&E）对于追踪行动执行表现和有效性尤为重要。监测过程中获得的信息便于责任追究，更重要的是，在必要时进行项目改进。评估阶段要考虑扩大规模的可能性，不仅要考虑在更广阔地域范围内推广价值链，还要考虑新伙伴和政策制度化。必须宣传干预可行性，展现其可取之处以及在不同情境下的适用性。评估包括/涉及衡量干预可持续性（如果初始项目不再适用），以及发现后续项目的新问题和新机遇。

潜力和局限性

在实施价值链分析之前必须考虑一些因素。价值链分析的重点在于：

- 活动——在对某一原材料增加价值时涉及的活动定位以及划分。
- 利益相关方——涉及的各类利益相关方以及他们之间的相互关系。
- 结果——关于附加值和治理。

然而，价值链分析也存在**局限性**。首先，重点通常放在经济效率和财政方面。与之相反，可持续食品价值链框架包含其他社会和环境特征，可能难以衡量。此外，价值链分析往往不太关注家庭层面。家庭中女性和男性分工、决策权以及责任均不相同。这会导致个体无法参与到价值链当中或无法获得潜在收益。

除此以外，价值链开发是一个长期过程。实践循环中的所有步骤需要花费大量时间。不仅如此，价值链分析具有复杂性，因此很难同时评估几条价值链。鉴于小规模养殖者可能参与多条价值链，仅关注一条价值链具有局限性。实际上，如果价值链数量和价值链协同效应过大，价值链分析可能并不合适。建议考虑其他选择，以更好地整合某一地域内的不同生产和利益相关者，如本地农业食品系统（Arfini 等人，2012）。

要知道，在任何情况下，可持续食品价值链都能适应特定环境，还能和其他工具一同使用（插文 2 和附录 2）。价值链由多种生产特定产品或相关产品的市场系统组成，价值链分析是理解这些系统、他们提供的机会以及影响竞争力和可持续包容性增长的市场失灵的一种分析框架。分析结果之后可与价值链参与者、服务提供者以及战略伙伴分享并向他们确认，从而改进战略。

➲ 插文 2　工具箱

这些指导原则表明，某一价值链中，可以运用不同工具，理解不同关注维度和领域。

- **一般工具**，检验分析选择、定位和可持续因素。
- **量化工具**，用于量化价值链，分析成本、收益、利润率以及价值链中的附加值分配。
- **定性工具**，用于策略因子、动机和能力、治理以及市场系统分析。

用户并不一定会以线性方式遵循这些指导原则或使用这些工具。根据分析重点（见项目目标和内容第二部分）、时间和可用资源，用户可以综合运用这些工具，或侧重某些工具。

可持续食品价值链开发是核心方法，可以与相关概念或方法相结合。例如，在一地或多地实施多个价值链时，价值链方法可以与地区或当地经济发展工具相结合。如此一来，某一地区整体竞争力（例如，营商环境、基础设施等）将拉动整个价值链竞争力提升。同样，景观方法——涉及生产系统管理和自然资源管理——旨在同时提升生产力，改善民生和保护价值链中的生态系统。

使用者要注意价值链方法并非灵丹妙药/并不是万能的：它会造成负面外部效应、效率低下，需要权衡取舍。要通过统筹全国项目和发展策略加以解决。

根据需要改善的维度，附录2为工具选择提供了指导意见。

资料来源：Springer-Heinze，2018。

第二部分

将理念付诸实施

第二章为用户提供**将价值链概念应用于畜牧业的实用建议**。根据粮农组织可持续食品价值链（SFVC）框架，价值链方法适用于畜牧业和小型畜牧业中的某些特定情况。

可以将价值链诊断和升级过程视为一个项目周期（图 8），该周期六个步骤的先后顺序十分重要，价值链分析和开发计划以终端市场为导向。但是，该

图 8　畜牧业价值链发展周期

过程是动态的，并非一成不变，需要持续监控并及时进行调整（例如，若市场形势发生变化，则考虑进入新渠道）以及重新进行能力评估（例如，若小规模生产者财务资源增加，则考虑与私营兽药供应商合作）。在该流程各个阶段，都要进行跨领域的数据收集和处理。在实际过程中，每个步骤可能还会涉及图示以外的要素，用户可以根据具体情况灵活安排。

对于每个具体步骤，本书都提供了相关的工具和建议，以及相关的示例和案例研究，以便用户在实践中参考。

步骤 1 初步评估

价值链以市场为导向，并受其运行环境影响。如前所述，价值链是指产品（例如肉、奶、蛋及活体动物）从生产到提供给最终消费者的整个过程，包括从生产、聚集到加工、分销等各环节带来的价值增值。价值链各参与者以市场为导向进行合作。价值链可以沿链分为多个市场，参与者在各个市场购买和销售中间产品和服务。使用价值链方法的第一步，是**了解价值链运行的大环境**。

> **⊙ 初步评估的参与者是谁?**
>
> 只有关键的计划合作伙伴（例如政府官员）、其他战略利益相关者（例如发起方受辖的政府部门和发展伙伴、价值链参与者或组织）以及对全球背景有广泛了解的专家，可以参与初步评估。如果价值链需要针对特定群体，可能还需与当地关键的合作伙伴与意见领袖合作。

1.1 计划目标及内容

价值链开发计划往往处于大的发展背景中，例如捐赠者实施的发展计划、国家规划、或公私合作规划等。本节列举了**计划实施的起点及全面的计划战略**。

计划目标

计划的总体目标决定了畜牧业价值链的选择、分析和发展战略，并指导整个价值链的发展方向。制定总体目标需要考虑的因素包括：计划的范围（目标群体、干预水平等）、重点（地域和主题因素）以及操作方式。

例如，有一个针对肯尼亚西北部地区的发展计划，目标是携手当地关键合作伙伴，通过强化当地畜牧业与市场的联系，提高牲畜对气候的适应能力，进而提升小规模畜牧生产者的生活水平。可持续性是可持续食品价值链的核心，在此示例中，关键在于理解气候是如何影响价值链运作的（当然也不能忽略可持续性的其他层面）。一旦识别市场机会和挑战，就要迅速制定相应的策略，提供满足以下要求的产品：①消费者愿意购买；②该产品生产过程能够提升整个畜牧业对气候的适应能力。虽然最初目标群体由小规模畜牧生产者组成，但价值链升级可能涉及更多参与者（包括兽医、投入品供应商、加工商等）。

该计划展示了利用价值链方法解决特定问题、实现特定目标的相关内容。本阶段通常将重点放在小型畜牧业生产者身上。这些内容应该包括价值链分析的地理范围和规模（包括国家、区域或地区级别；行业、子行业、商品或渠道级别），以及价值链内的主要和次要目标（例如动物遗传和饲养、动物健康、对气候变化的适应性、食品安全或畜牧业政策等）。

计划内容

了解计划总体背景后，需要进一步评估和理解计划实施的环境，需要考虑以下关键要素：

- 计划应与当地、所在区域、本国以及国际政策、战略和优先事项保持一致；
- 与本国的地缘战略保持一致，例如考虑本国在区域组织的成员身份；
- 与价值链相关的国家或地区的宏观经济状况和社会经济状况，包括文化和环境因素；
- 该计划的历史背景和先前的干预措施；
- 绘制利益相关者分析图，了解目标群体、战略和政治伙伴以及其他相关方的信息；
- 了解在相同主题领域和地点实施的其他计划及其发起机构。

1.2 实施计划

计划的操作方式在项目文件中列出。**结果框架和运行计划**详细描述了计划的实施方法，提供了使用价值链方法的基本结构，包括：

- 实施计划所用的工具和方法：
  — 干预水平如何（例如：政策支持、机构支持、相关团体发展情况）？
  — 该计划借助哪些手段实现目标（例如：技术援助、借调专家、金融支持、基础设施）？
  — 该部门有何独特之处（例如：特定物种或产品，特色方面如动物健康）？

- 受益人、战略伙伴和其他利益相关方：
    — 计划的目标受益人是谁（例如：牧场主、女性、年轻人）？他们面临什么动力和挑战？
    — 战略性政治伙伴和执行伙伴是谁？
    — 需要考虑哪些其他的利益相关者？
- 时间线和资源：
    — 计划的实施时间如何安排？价值链何时需要升级？
    — 可用资源有哪些？能够预见到共同出资的情况吗？公私合作伙伴关系是否能为价值链升级提供额外的资源？（注意：时间安排和资源决定价值链分析的详细程度和深度，并决定价值链升级活动的范围）。
- 扩大和退出战略：
    — 该计划的扩大战略是什么？需要哪些价值链干预措施来支持？
    — 计划开始前是否有明确的退出战略？关键合作伙伴是谁？他们是否拥有所需的全部工具，并已与相关参与者建立联系，从而保证计划项目结束后可以继续合作？

1.3　行业/子行业特征界定

明确总体的计划战略和背景后，可以对畜牧业进行初步评估，**重点是进行市场分析**。市场分析研究畜牧业的发展状况，旨在了解现有市场机会，识别供需缺口。市场分析着眼于未来的发展趋势和机会，关注畜牧业中的子行业和各种生产系统、各自的经济意义和影响范围、相关参与者、小规模畜牧生产者群体的相关情况及其所面临的挑战。

插文 3 中的信息可以帮助用户理解以下内容：

- 现有市场机会和潜在市场机会、市场发展趋势和细分市场、贸易趋势（进口/出口和国内市场、市场要求和标准）。
- 优先级子行业（例如牛、小型反刍动物、猪、家禽）、主要商品（例如肉、蛋、奶、皮革）及其他畜牧业相关产品（例如肥料、畜力、牲畜作为资产等）。了解这些内容有助于后续进行价值链选择。
- 畜牧生产系统、价值链运行条件［例如：单一畜牧生产（无地或草地系统）或综合农业（旱作或灌溉）（Robinson 等人，2011）］以及生产地区。某些问题和干预措施可能是牧区系统的典型特征（解决土地使用权问题、再补给问题等），而其他问题和干预措施可能是混合系统（使用农作物副产品来饲养牲畜）的特征。

- 行业或子行业与经济和社会的相关性，以及各行业对社会经济（例如GDP、食品安全和民众营养）的贡献。
- 影响行业或子行业的现有政策和战略。
- 小规模生产者、农村地区和相关参与者的作用，尤其是各方所面临的机会和限制条件。尤其应该关注不同性别群体的作用和能力，以及年轻人所能发挥的作用。

根据计划和背景分析，以及行业及子行业特征界定，用户可以**明确特定干预措施的目标、范围和相关参数**。理想情况下，应该让战略伙伴参与其中，这有助于确定价值链和升级措施的合理界限。

以上准则可应用于从本地到国家、区域和全球的价值链干预措施。在进行分析之前，必须确定价值链的规模。此外，确定产品质量（包括产品特征、口味、外观等）也有助于获得成功。

此外，由于小规模畜牧业生产者往往同时种植农作物和饲养牲畜，所以畜牧业价值链可能与其他产业价值链相互联系。尽管某些农业系统属于综合性系统（例如越南的"鸭稻共生"农业），但是仍需单独考虑畜牧业价值链的相关问题。当然，还需注意畜牧业和农业的共同点，例如生产过程、机会成本与利益权衡、决策和营销等。

步骤 2 价值链选择

要发展畜牧业，**确保干预措施成功**，选择合适的价值链至关重要。

行业/子行业特征界定（参见步骤 1.3）阐明了全面的市场潜力和行业背景，明确了行业/子行业及相关参与者（侧重于小规模畜牧生产者）。基于以上信息，可以进行价值链的选择（Schneemann 和 Vredeveld，2015）。

➲ 选择价值链应由何人参与？

价值链的参与人员有限，包括：关键的计划合作伙伴、其他战略利益相关者（例如政府官员、发展伙伴等）以及相关领域专家，他们能够帮助进行价值链评估和选择。

应根据以下三大标准（图 9），对价值链进行优先级排序，择优而取：

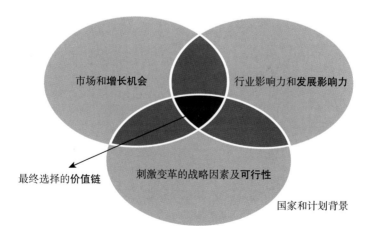

图 9　畜牧业价值链选择

- **市场和增长机会**——评估该行业的增长潜力及其竞争力，从而了解小规模生产者在就业及收入方面是否有机会实现持续且明显的增长。
- **行业发展影响力**——评估该行业是否能提升小规模畜牧生产者生产能力的同时，是否能提高其适应能力、保护生物多样性以及减少对环境的影响。
- **变革的战略因素及可行性**——评估实施干预计划的机会，以及促进该行业实现可持续、包容性增长的可行性，充分考虑国家的重点规划。

在上述框架内，表1列举的标准可以帮助用户选择合理的价值链，从而增强牲畜养殖者的竞争力、提高小规模畜牧生产者的生产能力及适应能力（插文3）。用户可以从史尼曼（Schneemann）和沃德韦德（Vredeveld）的研究中找到更多案例。

表1　价值链选择矩阵和关键标准示例

	关键标准	分数	比重
市场和增长机会	• 增长潜力（当前和未来需求）		
	• 竞争力（竞争者和替代产品）		
	• 与现有或潜在可替代价值链及其他谋生手段（例如其他牲畜养殖、种植业或非农就业）的互补性或竞争性		
	• 有利于穷人的市场体系及其监管潜力		
	• 行业领导力、投资计划以及行业龙头企业投资小规模生产者和公司的意愿		
发展前景	• 包容性潜力		
	• 性别平等和妇女权利		
	• 就业潜力（尤其是妇女和年轻人就业）		
	• 营养问题		
	• 食品安全风险		
	• 可持续性（例如：自然资源禀赋、负外部性等）		
	• 气候适应潜力		
	• 生态系统服务		
	• 人畜共患病风险		
变革的战略因素及可行性	• 干预机会		
	• 刺激变革的可行性		
	• 计划授权		
	• 国家优先发展的行业		
	• 与其他干预措施的互补性		
	• 提供资金的可能性		

➲ 插文3 价值链选择的数据来源

对行业/子行业进行初步评估为价值链选择提供了基础信息，但是，根据选择标准，仍需收集更多信息和数据。这些数据主要来源于二手信息（必要时收集一手信息进行补充）。

上述标准可以进行拆分，以便确认更详细的数据和信息要求。这些信息会影响价值链分析（详细信息请参见插文5）。例如：

- **包容性潜力**包括：
  - 小规模畜牧生产者数量；
  - 各小规模生产者的养殖规模和数量；
  - 微型/小型/中型企业数量；
  - 谋生机会；
  - 女户主家庭的数量。

（注意：这一标准的数据来源可能包括普查数据、贫困状况评估、牲畜饲养状况评估、性别研究和畜牧社会经济研究）

- **改革的可行性**包括以下方面：
  - 畜牧生产者和其他相关参与者愿意做出改变的意愿；
  - 潜在杠杆点；
  - 在该行业展开业务活动的其他发展伙伴（计划的重点、可能的协同作用、影响市场的不和谐因素等）。

以下标准是基于计划的目标及范围和价值链干预措施（市场准入、食品安全和营养、气候和适应能力、动物健康等）指定的，必须适应所研究的特定情况。用户可以根据以下标准对计划项目进行评估（例如从0～4打分，列出分值和比重）。

根据所选择的标准、评分及比重，可以计算出备选项的总得分，并按分数对备选价值链进行排序，从而做出最优选择。选择过程可以在内部进行，也可以和合作伙伴或关键价值链参与者共同进行。这样可以确认选择过程，确保战略利益相关者参与其中。

在选择阶段，必须考虑**小规模生产者如何参与价值链网络**。例如，有一个鸡肉生产的项目，就必须考虑到小规模生产者通常同时供应鸡肉和鸡蛋两种食品。因此，只关注一种商品，而忽略另一种，会有不利影响（例如：为增加鸡肉供应，用肉鸡代替两用鸡，但是减少了鸡蛋供应）。

此外，虽然小规模乳制品行业可以定期为生产者提供收入，但是由于畜群规模和生产水平的限制，从乳制品行业获得的资金不能保证农户脱贫。

在选择价值链的过程中，必须确定干预措施中的聚集水平。图 10 展示了不同的聚集水平：从子行业到产品或产品类别，再到特定的市场渠道。畜牧生产者需要选择多种商品和不同的市场渠道，从而**分散风险**，同时必须关注市场机会，充分考虑资源和时间的限制。

地理范围，例如：塞内加尔

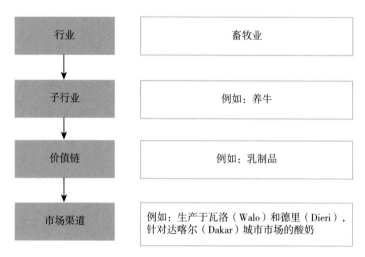

图 10 畜牧业细分（用于分析和制定干预措施）

资料来源：改编自努韦利（Nuweli）等人，2013 年。

尽管价值链选择是在干预措施的规划阶段进行的，但是仍然可以在后期的执行过程中进行修改，从而适应环境变化（例如出现新的市场机会）。比如，某特定区域针对奶牛行业制定了长期发展计划，在评估市场机会之后，可以决定首先提供新鲜牛奶，改进行业卫生状况和牛奶行业价值链，之后可以开发特定奶制品（例如奶酪、酸奶等）。

步骤 3 价值链分析

价值链分析（VCA）**研究生产某种特定商品，或某一组商品的不同市场体系**。将价值链分析法作为框架，可以了解这些不同体系、相应的市场机会、以及影响竞争力和可持续包容性增长的市场失灵的状况。为了更好地完成战略规划，分析结果可以和价值链相关参与者、服务人员以及战略伙伴共同探讨。

➲ 价值链分析应由何人参与？

广义的价值链分析需要从各相关方获取信息，相关方包括：生产者个人或生产机构、职能支持相关方以及环境保护相关方。因此，这一步骤涉及更多的参与者。访谈、小组讨论、采访价值链参与者以及进行相关调查等方法，对于理解市场行为和引起市场行为改变的原因十分重要（插文5）。价值链分析为提升知名度，并获得后续步骤合作伙伴支持提供了机会。

3.1 终端市场分析

价值链的核心驱动因素是终端市场，对于畜牧业而言，即指产品市场。畜牧业价值链的运行表现依赖于通过各市场渠道，连接终端市场。因此，必须首先**了解市场状况、机会、动态和趋势**，这些是经济增长的重要参数（表2）。

终端市场分析包括在计划范围内，对畜牧产品需求量的预期增长进行估算，例如：从数据库中提取相关消费数据，以了解不同畜牧产品在全国的消费趋势，并深入了解其增长前景（插文4）。

➜ 插文 4　终端市场选择

- **本地、全国和区域市场**——潜在的起点，因为它们在物流运输方面面临的问题较少。
- **非正式市场**——价格更低，更接近农村地区消费者和贫困人口，产品新鲜度更高。若与正式市场相联系，则有助于产品升级、提升价格和利润。但是，非正式市场缺乏市场监管，可能导致食品安全、人畜共患病和公共健康等方面的问题。
- **国际市场**——由于国际市场的法规、卫生和植物检疫标准、溯源要求以及供给可靠性要求都更加严格，因此一般情况下很难进入。

为了减少风险，确保升级成功，必须针对不同相互关联的终端市场、细分市场和渠道，采取不同的行动。

将终端市场分为细分市场和市场渠道，对于理解单个市场的特征及其增长潜力有很大帮助。对市场有全面的了解，对于价值链相关参与者和支持者而言至关重要，他们需要研究这些信息资源，从而对特定细分市场的产品和服务进行定位。

终端市场分析应同时考虑国内市场和国际市场（表2）：

- **国内市场**。全国市场和区域市场、正式市场和非正式市场都应考虑在内。小型生产者通常在非正式市场中经营，因此，必须了解非正式市场的要素及其与正式市场的联系。
- **区域市场及国际市场**。应当评估区域和全球市场趋势、贸易模式和出口市场机会，以及进入这些市场的质量要求等标准。

表 2　终端市场评估要素（包括相关信息及数据）

1. 市场类型	• 市场定位和邻近程度：本地市场、国内市场、区域市场、出口市场、到运输道路的距离 • 市场类型：高端市场、利基市场等
2. 细分市场及渠道	• 细分市场的差异化 • 不同细分市场的特征：价格领先、质量领先、差异化
3. 规模及增长	• 市场规模，包括市场容量和价值 • 十年预期和增长率

（续）

4. 趋势及动态	• 价格（全年、跨年度、按等级） • 顾客偏好、品牌战略、批发和零售分销、采购系统 • 动态的驱动因素（包括主要参与者的行为、自由贸易协定、规章等） • 需求的决定因素（包括季节性因素、宗教节日、经济周期等）
5. 关键成功因素	• 识别各市场的关键成功因素（例如价格、质量、品牌等） • 主要参与者及其竞争优势 • 当前和潜在竞争者，以及可能的替代品（影响价格和交易量） • 基准化分析（对比本企业和其他竞争国或竞争企业）
6. 运营实践及进入壁垒	• 运营实践，例如物流 • 行业标准（尤其是卫生标准）、质量要求、数量要求和可靠性要求
7. 小型生产者准入	• 除上述要求外，还需具体分析小型生产者面临的制约因素（例如法规条例、实际距离等）

市场是动态性的，因此市场分析也不是一劳永逸的。实施计划时，需要不断地对市场进行反复分析，从而紧跟市场趋势，发现新的增长机会，识别竞争者、利基市场以及监管环境的变化。例如，20 世纪 90 年代末，产于印度的德坎尼（Decanni）绵羊的传统羊毛制品（毛毯）需求量减少，为了解决这一问题，印度当局决定利用该品种羊毛来生产替代产品。针对出口市场，印度开发了如箱包类的新产品，2005 年销售额占总量的 74%，并由自主团体联合会协调更新产品。

虽然终端市场是驱动力，但价值链是由许多不同市场部分组成，如投入市场和服务市场，而中间市场存在于价值链的各个阶段。

例如，在埃塞俄比亚的成品皮鞋市场，相关联价值链的中间产品同样用于出口，其中包括活体动物（出口至近东清真市场）、生皮及成品皮革（出口至中国用于生产皮鞋）。为了限制中间产品的交易，埃塞俄比亚政府对出口的生皮和皮革类半成品征税，从而鼓励本国制造的皮革成品。该征税计划于 2008 年出台，对生皮和皮革半成品征收 150% 的出口税。2012 年，埃塞俄比亚政府又对皮革征收 150% 的税（Fitawek，2016），在此期间，皮革和半成品皮革的出口量下降了 38%，而成品皮革和皮鞋的出口量分别增加了 75% 和 44%。

3.2 价值链映射图

价值链映射图是价值链分析的基础，可以将复杂的经济状况、多样化的业务运营、多方参与者及其相互关系简化为**一个易懂的可视化模型**。这种映射图既是一种分析工具，也是一种交流工具。

可持续价值链是更广泛的市场体系的一部分，参与者在不同的细分市场（例如投入市场、中间产品市场、支持性服务市场等）工作，从而满足终端市场的要求。全面理解这一市场体系非常重要，因为在支持性市场体系或有利环境中，仍可能存在潜在的限制竞争力的因素。

了解整体市场体系的同时，需要将价值链各组成部分（业务运营、市场参与者、商业关系）分解成相互依存的子系统。价值链运行分为三个层面：

- **核心价值链**——包括参与产品生产、聚集、加工和分销（批发和零售）的各方，以及各方之间的相互联系（关系类型、市场渠道涉及的数量等）。
- **延伸价值链**——包括确保商业交易顺利进行的支持性功能，例如提供知识和技能、研发服务、饲料、兽医和金融服务等投入。
- **有利环境**——包括组织以及管理商业交易的正式或非正式的规章制度。这些要素存在于政治、经济和社会框架内，这一框架依赖并影响着自然环境。

插文 5 详细描述了价值链映射图所需的信息来源。

➡ 插文 5 价值链映射图的数据及信息来源

第一部分 审查二手文献

对于许多价值链和畜牧子行业，已经存在大量调查机构、发展伙伴和政府部门公布的信息，在确定需要进行哪些主要研究或实地考察，从而获取具体数据、填补信息空白或更新信息之前，必须首先分析现有信息。

原始信息和二手信息都会对价值链干预措施的监控和评估过程产生影响。但是，为了保证所取数据的一致性，监控和评估的数据来源必须认真对待。

次级研究

收集定量数据和定性数据前，必须审查以下信息：

- 己方计划文件及发展伙伴（在同一地理区域内的伙伴、行业/子行业和价值链合作伙伴）

- 农业部、工业部、商务部等部门发布的相关国家文件、数据和战略信息
- 普查、统计部门和其他相关部门公布的相关普查数据和社会经济调查信息
- 各部委、国家研究机构、监管机构、智库、职业和行业联合会等公布的行业战略和研究报告
- 贸易和市场信息与数据、全球数据库（例如联合国粮农组织、世界银行、国际贸易中心贸易图）
- 国际组织（例如粮农组织、世界银行、国际货币基金组织、国际牲畜研究所）和其他发展伙伴的行业与部门调查问卷

第二部分　初级研究

初级研究

审查现有数据和信息，可以明确后续的初级研究中需要获取何种信息。选择一种还是多种研究方法，取决于可用资源（预算、人力资源和时间）和所需信息的种类。使用不同数据收集法进行三角测量，有助于确认数据。

社会经济数据收集法

- **关键合作者访谈**——通常用于获取来自战略参与者（延伸价值链的全部参与者或组织以及相关政府机构）的目标信息，通常是收集数据的第一步。访谈通常是以开放式或半结构化形式，收集定性数据（但也可能收集定量数据）。关键合作者包括政府官员、执行伙伴（国家或私人）、团体和协会负责人、学术界和科学界带头人以及其他发展伙伴。

- **焦点小组讨论**——定性研究方法之一，通常是由在价值链中职能相似的人组成一个小组（不超过十人），进行讨论。讨论以半结构化形式进行，内容包括关于小组和整个价值链的相关问题。

- **调查**——涉及更广泛的群体，以收集定量和定性数据。调查问题可以是开放式或封闭式，可以由被调查者自填问卷，或由调查员填写。在进行调查之前，必须仔细设计（包括调查主题、样本容量等），并进行测试。为保证监控和评估过程的一致性，调查可以使用相同的格式。

- **实地考察**——对了解计划内容很重要，可以作为以上调查手段的补充。实地调查所获数据是定性的（对价值链和项目地点的观察），但也可以是定量的。

畜牧生产和其他工具的特征

表型特征

动物的**表型特征**是评估生产水平的先决条件，必须量化主要生产特性的表型（大小、长势、产奶量、繁殖力、产蛋量等），并明确在饲养和生产环境方面可以做出哪些改进。

- **初级界定方法**是指在单次实地考察中即可完成的活动，包括测量动物形态特征、采访牲畜养殖者、观察并测量生产环境以及绘制地理分布图。

- **高级界定方法**要求进行多次实地考察才能完成，包括测量生产力（增长率、产奶量）和适应能力（如对某种疾病的抵抗力或耐受性）。由于大多数经济特性需要使用高级界定方法，所以可能需要根据可用资源进行权衡。

为确保采样特征不受限制，可以只用生产特征的替代指标（成人体重或身高，或根据对某特定农户的调查，估算奶制品产量等）。

更多信息请参阅《粮农组织动物遗传资源表型特征指南》（粮农组织，2012）。

项目视规模可能需要使用不同的工具，例如，研究人畜共患病时需要进行流行病学研究，研究动物生产力时需要进行表型特征界定。

有关畜牧业价值链分析各阶段的相关问题和信息（包括商业运营、定性和定量数据结合等），请参阅附录3。

第三部分　数据验证、价值链分析及绘图

对于收集到的全部数据，需要通过三角测量法仔细检查核实。在确定价值链发展前景、规划升级战略和行动计划之前，要召开**利益相关者研讨会**，对价值链分析过程及结论进行审查。

研讨会参与者包括负责关键业务运行、提供服务和环境支持的利益相关者，还应包括熟悉该行业和价值链的学术界人士和智库人员。这些参与者是行业发展的核心和驱动力，对于设计和升级干预措施至关重要，还可以帮助抓住发展机会，应对挑战。

资料来源：粮农组织，2012. 动物遗传资源的表型表征. 罗马：联合国粮食及农业组织（见 http://www.FAO.org/docrep/015/I2686E/I2686E00.pdf）。

核心价值链图

某种商品（肉类、奶制品、蛋类、皮毛或活体动物）的生产是在核心价值链中进行，核心价值链主要包括私营企业，他们通过业务联系，将投入转移到产品中，从而满足终端市场的需求。图 11 提供了绘制牛肉生产核心价值链图的示例（包括以下四个步骤）。

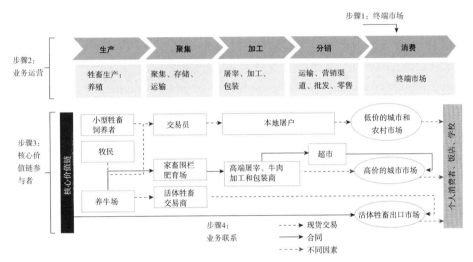

图 11　牛肉核心价值链图（业务运营、参与者及业务联系）

1. 终端市场

在以市场为导向的发展背景下，价值链图的起点是选定的终端市场（步骤 3.1）：生产何种产品、提供给何种终端市场、产品质量如何、产量多少、是基于何种顾客偏好等，都需要根据终端市场的要求来确定。终端市场是价值链个性化的重要组成部分（插文 6），"个性化"是指价值链基于所处环境的要求，渐趋成熟和独特的过程。通过不同的市场渠道，一种产品可以服务于多个终端市场。因此，一条价值链内，可能存在因市场渠道不同而形成的多条子价值链。价值链图应关注相互联系的市场渠道，而生产、聚集和加工在这些渠道内也是相互联系的。

> ## ➡ 插文 6　识别畜牧业发展的利基市场
>
> 市场营销过程中，小型畜牧生产者通常面临供给有限，缺乏资金、基础设施和服务，以及议价能力低等问题。利基营销通过替代性供应链，解决消费者问题，为生产者提供了克服经营弱点，提升产品差异化程度的机会。利基营销战略依赖于食品在质量方面的感知经验和优势，产品和营销渠道的个性化，与价值链网中涉及的合作伙伴紧密相连，具体情况如下所示。

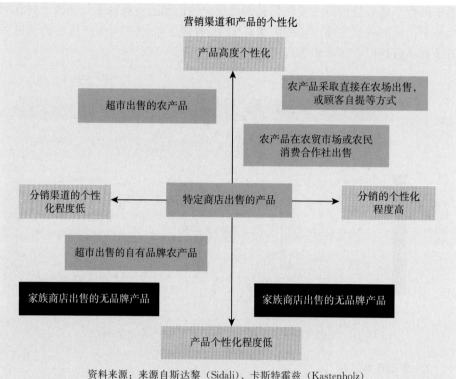

营销渠道和产品的个性化

产品高度个性化

农产品采取直接在农场出售，或顾客自提等方式

超市出售的农产品

农产品在农贸市场或农民消费合作社出售

分销渠道的个性化程度低

特定商店出售的产品

分销的个性化程度高

超市出售的自有品牌农产品

家族商店出售的无品牌产品

家族商店出售的无品牌产品

产品个性化程度低

资料来源：来源自斯达黎（Sidali）、卡斯特霍兹（Kastenholz）
和比安奇（Bianchi）的研究，2015 年。

曾有研究者开展了一个针对短价值链的项目，旨在提升稀有牲畜产品的附加值。该项目研究了法国的案例，并总结其成功的秘诀：

- 建立包括所有利益相关者（生产者、加工商、零售商等）在内的网络；
- 确保该网络长期内保持协调一致；
- 该网络内所有人拥有共同的愿景和目标；
- 突出各种活动与历史和文化的联系；
- 生产者开发产品和市场，必须从自身的生产能力出发；
- 建立合格的质量指标；
- 确定相关的经济和技术指标；
- 与合作者保持联系。

尽管生产者在规模和资金有限的情况下，也可以进行上述活动，但是这些活动仍然是技术和知识密集型活动，需要利益相关者的长期支持。

资料来源：http://www.varape.idele.fr/；LPP 等，2010 年；斯达黎（Sidali）、卡斯特霍兹（Kastenhölz）和比安奇（Bianchi）的研究，2015 年。

2. 核心业务经营

人们需要沿价值链方向，制定为终端市场产品带来价值增值主要业务功能，这些功能的复杂性和彼此间的联系依赖于商品的价值增值。畜牧业价值链通常包括五个核心功能：

- 畜牧业相关投入，包括动物遗传学、饲料和兽药；
- 生产过程及生产组织；
- 聚集过程及聚集组织，包括营销、产品收集、储存（包括冷链）、育肥、运输和贸易；
- 屠宰、加工和制造；
- 分销至终端市场，可以直接销售至本地市场，或者销售给批发商、零售商或出口商。

3. 核心价值链参与者

价值链参与者是直接参与商品生产、聚集、加工和分销的个人或企业。参与者大部分是私人参与者（例如畜牧业生产者、交易商、微型/小型/中型企业或私人制造公司等），但也可以包括公共机构（例如动物遗传学和其他资源提供者）。价值链参与者有多种类型，在自身规模、对价值链的贡献、对资源的掌控程度（例如投入和技术）以及与终端市场的联系（例如业务关系和市场渠道）等方面有所不同。需要注意的是，足够的投入能够提高生产力，对于畜牧业价值链至关重要。

在某些情况下，同一价值链参与者会出现在多个业务中，这种情况往往出现在垂直整合的供应链中。例如，生产猪肉的企业，可能同时拥有饲料厂房（投入）、用于繁殖的牲畜（投入）、屠宰设施（加工）和零售店（分销）。

4. 业务联系

业务联系体现了产品的流动，这些联系包括信息交流、技术交流、定价、支付、合同和嵌入式服务等要素。

价值链的市场体系，是指产品沿价值链不同阶段流动时，发生的多种交易，包括从临时决定或专门进行的现货交易，到签订合同（包括嵌入式服务和获得市场）以及垂直整合（步骤3.3.2，"管理"部分）。

价值链中的业务联系包括垂直联系和水平联系。[1]

- 垂直联系是价值链不同阶段（从上游到下游）参与者之间的联系，一个企业在价值链中有多种功能，或与上游生产者联系紧密。
- 水平联系是处于价值链相同阶段的参与者进行合作或发生冲突。加强

---

① "水平联系"和"垂直联系"并不是指绘制参与者联系图时的方向；绘制价值链映射图时不受该术语影响，可以垂直或者水平绘制。

生产者或生产组织之间的水平联系，对于提升小规模牲畜生产者的生产能力、降低交易成本十分重要。

业务联系的类型由市场要求来决定。例如，小型牲畜生产者在非正式的本地市场出售牲畜时，使用现货交易的方式比较合适。

而正式市场监管更加严格，终端市场对于生产标准、质量、数量和可靠性方面的要求也更严格。为了确保满足终端市场的需求，需要制定和开发更多的正式合同和合作关系。例如，在乳制品价值链中，生产和加工乳制品的商业农场，可以和周边的小型牲畜养殖者合作，以确保能够稳定供应高质量乳制品。此外，农场还可以提供嵌入式服务，例如兽医服务（包括人工授精）和饲料等，费用从购买乳制品的款项中扣除。

收集业务联系相关信息，并绘制业务联系图，是后续进行管理分析的基础（参阅步骤 3.3.2）。

图 11 为核心价值链图，展示价值链的核心功能、相关参与者及其相互间的联系（业务联系）。基于其重要性，某些投入资源（遗传物质、药物）的提供者同样可以视为核心价值链的一部分，也可视为价值链不同阶段所需支持性服务的一部分。价值链图通常还包括另外两个层面：支持功能和有利环境（参阅"延伸价值链图和有利环境"），也可以使用地理信息（插文 7）。以上信息构成价值链分析的基础。

➲ 插文 7 地理信息系统（GIS）及地理映射图

作为价值链图的补充，用户可以使用牲畜子行业的地理信息系统映射图，来呈现产品流和生产区域，从而更深入地评估价值链面临的机会和限制因素。地理信息系统映射图包括的信息有：人口密度、商业化农场、小型牲畜养殖者、牧民放牧路线、道路和基础设施等。

绘制简单的地理映射图，可以突出生产区域和价值链其他阶段的实际位置，例如：

- 生产区域在哪里？
- 牧民放牧路线是什么？
- 贸易和流动方式是季节性的吗？
- 中间产品的聚集点和市场在哪里？
- 加工场所在哪里？
- 终端市场在哪里，分布于哪些路线？
- 哪些区域需要严密监控，在野生动物—家畜、家畜—家畜以及家畜—人之间的接触过程中，防范人畜共患病风险？

延伸价值链图和有利环境

1. 支持功能及参与者

发展业务和其他相关服务，能够促进产品沿价值链进行生产、聚集、加工和分销，为核心交易和价值链相关参与者提供支持。这些参与者可能是公共行业的服务提供者（例如扩展服务提供者、市场委员会、健康与安全监察机构、开发银行等），也可能是私营机构（例如贷款公司、认证机构、专业协会等）。

服务提供者往往来自多个价值链和部门，是扩大规模和跨部门改进的重要杠杆点。

支持功能的三种主要类型是：

- **投入资源供应者**——存在于整个价值链中，除提供生产所需的主要资源，还提供更加专业性的资源，如人工授精罐所需的液氮、皮革厂所需的化学制品和用于分销的包装等。

- **非金融性服务**——包括兽医服务、推广服务、提供投入物资、研发、实验室测试、认证、安全检查、培训等。

- **金融服务**——由政府运营的机构、合作储蓄团体及私人贷款提供者组成。他们提供的金融服务包括：小额信贷、牲畜保险、设备和基础设施融资以及嵌入式信贷等（插文8）。

➡ 插文8　金　　融

适合的金融服务，可以确保价值链的竞争力和可持续性。畜牧业是十分独特的，因为活体牲畜本身就代表了金融资产，生产者可以利用这些资产作为抵押品，从而获得储蓄资金并创造更多的财富。

牲畜业生产者可以利用的金融工具包括：储蓄（个人或团体储蓄）；从银行或小额信贷机构贷款用于流动资金或购买设备、基础设施和活体动物；供应商、贸易商或加工商提供的嵌入式信贷以及动物保险。

畜牧业的贷款和投资通常都是有风险的。因此，改进畜牧业与金融的联系十分重要，而提高生产者在营销、问责制和金融规划方面的技巧，或者提供合作，都能改进这种联系。

需要考虑供给和需求两大方面的问题：

- 供给。可供价值链参与者使用的金融服务有哪些？各自的形式如何？提供这些服务的主要参与者是谁［银行、小型信贷机构、价值链参与者（嵌入式信贷）、合作社、循环储蓄和信贷协会］？它们是正式的还是非正式的？有哪些产品和服务可供小型牲畜生产者或女性使用（移动银行、仓库收据系统）？条款和条件是怎样的？交易成本如何（例如到银行的距离）？
- 需求。金融和金融服务队价值链参与者有什么要求？这些参与者的金融知识和理解水平如何？

2. 有利环境

为了解选定价值链运行的背景及框架，需要审查价值链的有利环境。有利环境包括：社会要素（例如政策、文化因素等），社会要素中正式或非正式的规章制度，制约着业务交易（表3）；基础设施（运输系统、道路、冷链等），以及自然资源（土地、水、气候等），自然资源对畜牧业的生产力和可持续性至关重要（表4）。

表3　社会要素

要素	子要素及示例
制度要素	• 政治战略及政策（例如扶贫战略、安全网，包括提供护理服务）； • 经济战略及政策（例如促进出口、补贴、减少原材料和机器出口税收）； • 贸易协定〔例如除武器外一切商品可在欧盟地区流动；东盟自贸区（东南亚国家的区域贸易协定）等〕； • 法律法规及执行力（例如投入及产出市场、土地所有权、财产所有权、合同法的执行、合作社章程等）； • 标准、认证及许可〔例如国际食品法典委员会（CODEX）和其他食品安全标准；兽医执业许可等〕
组织要素	• 标准、认证及许可〔例如国际食品法典委员会（CODEX）和其他食品安全标准；兽医执业许可等，美国农业部动植物卫生检验局（USDAAPHIS）等〕； • 教育、医院和研究设施； • 行业、部门和专业协会（例如埃塞俄比亚肉制品出口协会等）
基础设施要素	• 公共基础设施（例如道路、铁路和运输设施）； • 自然基础设施（例如可供牲畜通行的道路、饮水池等）； • 市场基础设施； • 贸易基础设施（例如港口、陆港等）； • 其他基础设施（例如信息通信技术、电网等）
社会文化要素	• 文化和宗教规范和习俗（例如清真教徒的食肉规范等）； • 非正式政治联系和赞助； • 社区地位； • 基于性别的体系； • 消费者偏好

表4　自然要素

要素	子要素及示例
自然要素	• 自然资源的可用性及其利用（例如土地、土壤、气候、天气、生物多样性、牧场、饲料、遗传问题等）； • 动植物健康

　　私营部门是价值链的核心参与者，也是价值链及转型发展的驱动力。私营参与者组成行业协会，以便更好地投入资源，获取相关服务和开发产品市场，并且可以与公共部门合作，创造更加有利的环境。而公共部门能够促进公私对话和合作，解决自身的需求和困难。

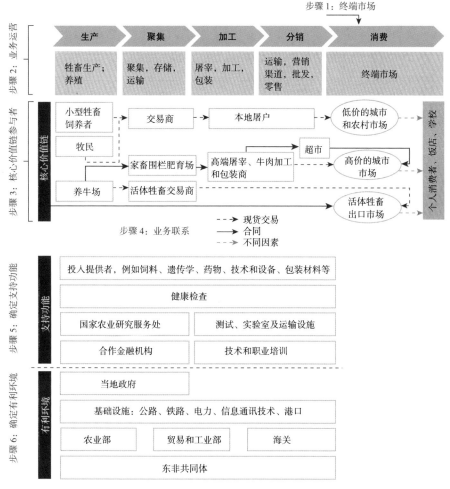

图12　完整核心价值链图（包括核心参与者、支持功能和有利环境）

49

根据干预措施和市场情况，可能还需考虑区域和国际有利环境。例如，对于游牧民来说，牲畜放养路线可能会跨越两国边境，因此，双边和区域性的有利环境十分重要。而对于全球牛肉及奶制品价值链而言，全球性的有利环境［例如国际食品法典委员会（CODEX）制定的食品安全标准］必不可少。

尽管分析选定价值链的过程中，应当考虑以上要素，但是实际上并不是全部要素都可以或者都需要在价值链图中绘制出来。要确定有利环境的各个要素在映射图中的优先顺序，区分以下条件十分重要：基本条件（例如贸易协定、土地使用权、财产所有权、基础设施等）；充分条件（例如标准和认证）；以及有用条件（例如非正式网络等）。

图 12 是核心价值链图（图 10）的扩展图，描述了支持职能的层次和有利环境。它们共同构成了一个价值链，为价值链分析奠定了基础。

3.3 价值链分析

价值链得到合理规划后，应从**动机、能力、治理、经济性及可持续方面进一步分析，从而决定价值链表现**。可通过特定方法来识别整个价值链中的低效率、杠杆作用点、权衡、优势、劣势、威胁和机会；此过程即市场体系和战略分析。需注意：以上提到的分析方法并不详尽，应根据项目重点使用上述方法具体分析，例如：粮食损失评估，生命周期评估（插文 9 至插文 17）。

3.3.1 动机与能力

要发展畜牧业价值链，首先需了解市场参与者的行为；了解为什么在一些情况下市场体系表现不佳；确定哪些能力、职能和规则不足、不匹配或不存在（斯普林菲尔德中心，2015）。行为者的行为方式取决于其所在的环境和文化，同时受到个人能力和体系内部激励的影响。对于特定牲畜，考虑进入市场（实际途径、产品储存和市场价格信息）、满足供需季节性变化的能力及多功能畜牧业（使用动物作为现金储备）等问题尤为重要。

为促进价值链参与者的行为改变（无论在个人层面还是在彼此互动中），不仅需了解改变的能力（才能），还需了解改变的意愿（激励）。激励（包括财务和非财务方面）决定行为者为何以某种方式行事，为何做出某些决定以及促使他们改变行为的动机。因此，除实际生产外，了解牲畜对小规模农场主起到的不同作用及其如何相互作用尤为重要。

例如，在冈比亚，牛场主相较于杂交动物或瘤牛更喜欢 N'Dama 品种。尽管 N'Dama 体型较小，产奶量更少，但它们韧性更强，且因其可作为役用动物而倍具价值（Traoré，Reiber，Zárate，2018 年）。另一个问题是在穆斯林宗教节日期间，农场主应对价格变化和小反刍动物肉需求高峰的能力。

Budisatria 等人表示，在印度尼西亚的部分地区，农场主无法在节日时及时提供年龄、体型合适的牲畜（即想让牲畜卖得更高价钱时）。尤其在旱季季末或学年初时，牲畜尚小，却要不断满足迫切的经济需求。

重新审视动机和能力须考虑到不同方向与层次以及其他诸多元素（表5）。

表 5　需考虑的潜在动机与能力

方向与层次		需考虑因素
动机	经济	经济 • 利润率 • 投入价格与产品 • 成本结构 • 交易成本 • 机会成本 • 竞争 • 风险态度 • 风险因素 • 资源
	社会成目标导向	非经济 • 文化准则与道德 • 个人偏好与态度 • 个人名声与社会地位 • 性别角色与责任
能力	个人 机构 良好环境	• 技术（知识与能力） • 经济（承担行为） • 物质（资产、人力资源、客户群等扩展服务） • 战略（视野、网络、管理） • 信息 • 社会（地位、名声） • 个人或文化（态度、管理能力等）

比如，当一个小规模农场主决定是否要购买更多昂贵的改良版品种时，该农场主不仅要考虑农场开支，还要考虑农场外因素（饲料、教化等）及最终粮食收支。

同时，动机与能力不应放在单一价值链中考虑，而应从两者如何与价值链和农场外因素产生联系方面审视。

集体行为需要动机与能力两者同时发挥作用,对小规模农场主来说克服市场失败、保持市场定位(Markelova 等人)至关重要。尽管个人与机构动机(即责任与执行规则)不可缺少,但合作动机(即行为参与的风险与成本 VS 益处)对集体目标的达成也起到重要作用。

农场主做决定前要考虑投入保险、改良品种优点的拓展性建议、市场联系,甚至还有农场内外开支的信贷条款。

牲畜扮演许多和动机有关的角色。从经济视角来看,牲畜不仅促进食品供应、增加收入,还能充当贷款担保、售卖来源或肥料。社会因素也发挥着作用:牲畜在男女性别平衡、力量分布中举足轻重。饲养牲畜的女性更偏向选择适应力强、投入低的品种,这类牲畜能自行觅食,且繁殖难度低。(粮农组织/Köhler-Rollefson,2012)

3.3.2 治理

分析价值链的治理架构对于**理解不同因素的动力及力量分配**很重要。"治理"指的是买卖双方、服务商和在系统内操作或影响系统功能或活动的监察机构之间的关系。"治理"代指任何一种集体行为,即某一组织实现共同目标的自愿性行为,其中包括地区级与国家级的专业和行业协会(比如奶制品或出口商协会)。

> **➡ 插文9　价值链分析中需考虑的牲畜问题(供给侧)**
>
> **育种**
> - 目标地区饲养品种(外来、杂种、土著等);育种方法和生产系统;从本地角度来看各系统的主要优点/缺点;品种、习俗和系统之间的差异。
> - 该地区畜牧生产发展中的主要繁殖相关问题及可能的解决方案。
> - 与动物育种/人工授精有关的产品、服务和趋势;路径、成本和付款问题。
> - 供应商的位置(人工授精、繁殖者)及小型目标农场主的可及性。
> - 对动物育种管理(土地、劳动力、资本、信息)的主要限制。
>
> **动物育种**
> - 喂养方式(饲料来源、类型和质量);饲料和水的可用性(按季节);补充性饲养策略;收集/购买的饲料和补充物(按季节);饲料保存/存储系统;饲料短缺应对策略;饲养相关的主要限制因素及饲养者的性别和年龄。

- 不同可用草料的相对生产力和恢复力。
- 购买的饲料数量（作物残渣、绿色饲料、工业副产品等）；主要买卖渠道；不同季节各渠道的饲料价格。
- 有关饲料和饲养方式的建议的可用性；参与者及建议的质量。
- 育种生产和供应系统。
- 不同可用饲料和肥料的价格以及目标群体的承受能力（考虑季节性价格变化和支付期限）。
- 饲料和肥料的生产和销售量。
- 饲料和肥料供应商与目标群体的可及性。

动物卫生和兽医服务
- 具有重要经济意义的动物健康问题（患病率、发病率、死亡率、病因、影响、疾病控制策略、治疗方法等）。
- 药物、疫苗、杀螨剂、杀虫剂和其他化学疗法的可用性、可靠性和销量。
- 常用的服务提供商（公共、私人、社区）及其相对优势和劣势。

牲畜鉴定和可追溯性
- 牲畜识别和追溯系统。合规的成本和收益是什么？它们对哪些市场来说重要？

食品安全/质量控制和认证
- 食品安全/质量控制的组织性。最终的服务提供者是谁？如何对服务付费？
- 不同潜在市场下可供贸易的卫生和植物检疫要求。
- 原产地证明和健康检查；市场需求。
- 小规模农场主对标准和认证过程的认知。

来源：改编自农发基金（IFAD），2016a。

以上治理结构同时具备公共性和私有性，例如自愿性行业标准。治理分析建立在步骤3.2中，以对业务链接和协调的分析与映射为基础，关注整个价值链的协调、监管和控制系统。治理分析描述价值链中的力量关系及确定特定价值链整体架构的规则的建立与执行。分析治理结构还应考虑信息、财务和知识流、价格判定、龙头公司①和生产者组织的作用、合同和横向联系。

① 龙头企业（无论是在中间市场还是最终市场）是决定价值链治理结构的公司，可以影响小规模生产者进入市场的规则和要求。

考虑到要建设良好环境，规则和治理执行力必须得到重视。这需要确定行动者之间的力量平衡；发现行为者之间正式和非正式安排背后的驱动力；确定法律框架、私人标准或文化规范是否以及如何加强行为者之间的关系（插文11）。

> ### ➡ 插文 10　动物疾病与风险管理
>
> 　　动物疾病和风险管理是任何牲畜价值链都需考虑的重要因素。为在价值链中进行疾病预防和控制，需要：
> - 了解生产系统及利益相关者（他们对风险、动机和能力等的认识）——即**价值链分析**；
> - 评估牲畜生产系统内部疾病风险，并规划缓解措施，即**风险分析**。
>
> 　　动物疾病风险管理的价值链方法——现场应用的技术基础和实用框架（粮农组织，2011 年），结合这两个要素，使之能有效规划疾病预防和控制措施。
>
> 　　在评估疾病风险、确定热点并规划动物疾病管理的跨学科合作中，价值链方法为其提供了框架。用户必须评估疾病传播、风险降低和遵从实践的机遇，并了解利益相关者在整个价值链中疾病风险管理的资源、动机和能力。
>
>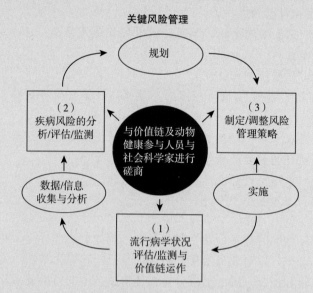
>
> 　　如果干预重点（步骤 1.1 中所确定）仅是动物健康，则 VCA 应重点关注对疾病风险管理至关重要的要素。
>
> 　　资料来源：粮农组织. 2011. 动物疾病风险管理的价值链方法——技术基础和实践现场应用框架.《动物生产与卫生准则》，第 4 号，罗马，粮农组织（http://www.fao.org/3/a-i2198e.pdf）.

➡ 插文 11　肯尼亚家禽系统治理方面的经验

肯尼亚的家禽业包括大型和小型农场主，他们把改良鸡或本地家禽商品化。农场主、商业公司、投入品卖方、加工商、零售商和其他中介机构等各种参与者进行的一系列焦点小组讨论和访谈，说明了肯尼亚家禽业价值链的异质性。价值链的治理和交易规则方面总结出以下经验：

- 小规模农场主很少被视为价值链中的主导者，因为他们缺乏正规的交易规则和方式；此外，交易价格基本由经纪人决定。在小规模农场主的确存在的地方，市场活动大多由农场主协会处理，毕竟协会有时可以谈到更好的价格。有时某些地区缺乏农民协会的原因是缺乏信任和沟通。
- 肉鸡公司参与的综合价值链遵循正规规则，例如，供应日龄雏鸡或提供兽医护理。肉鸡公司确定成为该特定价值链中的主要参与者。并就鸟类迁徙许可和肉类出口证书等问题提交政府检查。
- 市场参与者不仅确定经纪人和肉鸡公司在价值链中占主导地位，还因为收取垃圾回收和供水费用，确定政府卫生检查员和市议会官员。协商市场及行政事务的交易商协会适时成立。
- 价值链的各个层面都能体现公共政策和法规（主要是与卫生、生物安全和出口许可证有关的公共政策和法规），但较正规的价值链及其组成部分之外却普遍缺乏公共政策和法规。

总之，在相关价值链中，结构、治理和监管方面存在重大差异。为提高小家禽农场主的粮食安全、减少贫困，关键点得到确认：小规模农场主参与政策制定；价值链正规化；发展协会。

资料来源：奥凯洛（Okello）等人，2010；卡隆（Carron）等人，2017。

建立机构，要规范价值链参与者的正规和非正规规则。通过动机和能力，这些规则对确定价值链的效率、收益分配、性别角色和对妇女和其他弱势群体赋能至关重要。

例如，在多哥的卡拉地区，各种因素限制了女性生猪农场主的赋权。已确定的主要限制是，女性若没有丈夫的同意，往往就无法出售自己的动物。此外，她们还被禁止从事屠宰活动，从而在使肉类而非活物商品化、获取附加价值上受限。这些问题通过能力建设（男女参与）和增强意识（社区领导人和地方当局之间）得到了解决（AVSF，2013）。最终，无论是女性个体户还是后来成立的女性农场主协会，在农场及整个价值链的决策方面都获得了自主权，屠宰方式和产品销售得到有利改变。

治理结构还有助于确定干预杠杆点：精确节点或龙头公司，得益于业务联系与外延，干预效果倍增。

价值链的发展使治理结构越来越复杂；协作需确保优质产品得到可靠提供，参与者之间的关系由此变得更加紧密。合作在可追溯性、食品安全等方面尤为重要，因此产品在价值链的每一步都须可识别。

图 13 描绘了具有不同程度合作下的治理结构范围。**市场系统**是一个松散的系统：交易（通常是现货交易）很简单，而价格是决定性因素。这便是"个体定价"，在这种情况下，一个大体统一的产品有多个买家和卖家。在这样的系统中，小规模畜牧主在与交易商讨价还价时往往处于不利地位，因为后者往往能更好地掌握情况。牧民尤其如此，尽管使用手机能改善此种情况，其本身的流动性依旧可能会限制他们获取市场价格的最新信息。

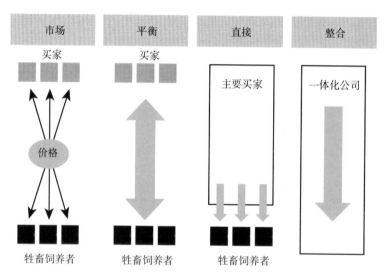

图 13　价值链中从市场交易到高度协调、垂直整合的生产中体现的协调性

资料来源：改编自 M4P，2008。

平衡系统的治理结构更紧密、更协调，例如，买方和农场主组织之间进行价格协商；买方行使更多权力，但农场主则更有组织性（例如通过集体行动）。

定向治理系统通常需要合同机制和伙伴关系，由小规模农场主提供一个或多个买家。因此，小农户可以控制特定市场渠道及其要求。小规模农场主获得嵌入式服务后，生产的数量和质量也随之增加。

在**垂直整合**价值链中，龙头公司在整个价值链中拥有强大影响力。例如，家禽公司可以从母鸡生产、饲料研磨到孵化场运营、育肥、屠宰直至零售的各个阶段，控制整个链条。这种结构不仅确保了产品质量和供应可靠性，还保障了就业机会。但是，若增长模式（类似于导向制度）不包含小规模农场主，他们便几乎没有空间。

若小规模畜牧主想在市场参与中受益，**治理结构至关重要**，并涉及以下方面：

- 找出包括主要参与者、公司和机制（即合同、协议、服务）在内的价值链如何进行协调，并确定相关动力以及这些关系和机制存在的原因；
- 探索影响价值链的正规和非正规规则、法规和标准，以及哪些动机可确保合规。法规如何执行？哪些奖励和制裁措施可确保合规？
- 检查治理结构（以及规则和要求）对畜牧主的影响。限制他们参与的因素有哪些（例如，信息、生产者之间的组织性、能力的匮乏）？

生产者组织加强横向合作：畜牧主获得授权，增加价值链的参与度和影响力。**农场主组织**通过规模经济降低交易成本，提高议价能力，成为嵌入式服务和能力发展的良好杠杆点。同样，在中观和宏观层面上，**专业协会和行业协会**进一步加强小规模农场主的组织性，促进了政策对话（步骤4.2）。

在进一步开发价值链的工作中（包括给定项目后期），确定好**敬业**的个人、团体或组织，且他们**能发挥创新作用，建立信任**，在价值链治理中发挥重要作用。拥护者通常是私人伙伴，但也可以来自政府、非政府组织或研究机构。当来自私营部门时，他们的参与就会传达出这样的信息：市场足够强大，值得参与和创新，风险可控（美国国际开发署，2008）。缺乏此类支持者通常会导致价值链开发项目失败。另一方面，拥护者也可能导致企业导向错误，无论出于何种原因，拥护者的失职都可能危及价值链的可持续性（LPP等，2010）。

3.3.3 定量和经济分析

定量分析可包括对价值链的简单量化，以了解主要参与者的集中或分布、就业、生产量和市场渠道。更深入的经济分析需检查成本结构和定价、计算增值和利润、了解价值链各参与者之间的利益分配。保证金和附加值的相关信息能起到激励小规模农场主的作用。

在计划和决策过程中，价值链图成为分析基础。该地图还补充了其他信息，用于了解当前情况、评估未来情况和规划干预措施。定量分析和定性陈述与分析都可用来理解价值链并制定升级策略。

与定性分析一样，用户也可以"放大"并集中在价值链中的特定区域/瓶颈。

价值链中的定量分析
价值链中的定量分析有多种功能：

- 使用户能够更好地了解价值链及其动态。在哪个阶段能创造最大的就业机会？有多少小规模农场主正在生产牲畜，与商业农场相比其产量如何？大多数产品（本地市场或农村批发市场）通过什么市场渠道流动？
- 为进一步分析（例如竞争力）价值链、经济效率、收益分配（通过利润和利润分析）等奠定基础。
- 允许用户识别干预措施杠杆点，并且或者在价值链问题区域的特定阶段可能需要进一步分析。
- 提供基线值，进行监视和评估。

价值链图的量化可静态描述当前状态（图14），还可通过各链节上的趋势和增长率进行动态描述。

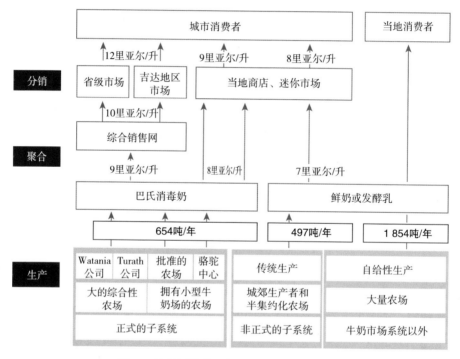

图14 沙特阿拉伯北部骆驼奶价值链的量化

资料来源：改编自 Faye，Madani 和 el-rouili，2014。

示例如下：

- 小型牲畜农场主、牧民和商业化农场的数量（数据尽可能按性别分类）；
- 价值链就业情况（尽可能按性别分类）；

- 产值（建议 2）和数量（造成食品损失和浪费）；
- 每个渠道的流量百分比；
- 价值链各阶段支付的产品价格；
- 价值链各阶段的产量随时间变化的增长率。

➡ 建议 1   量化数据

定量分析的质量取决于可靠且可比较数据的可用性。这对小规模畜牧农场主是一个挑战：他们缺乏市场导向和生产成本因素数据；而且他们往往低估支出成本（例如，未能考虑到家庭劳动力成本/机会成本）。

经济分析涉及成本和收益的平均值和变动（在生产者之间以及随着时间的推移）的计算。可能有必要考虑缺点，依靠估计或替代数据，或使用小规模生产者的抽样作为目标人群的代表。

注意：经济分析和建议与基础数据一样乐观。

经济分析

经济分析检验价值链的经济效益。包括分析整道价值链的附加值、成本、利润和利润分配以及产能和生产率。用户应注意，定量分析并非是一个静态过程。相反，这是一个**动态过程**，随季节等因素变化。价值链的经济效益可与出口市场竞争链条（GIZ，2016）及平均行业绩效和跨行业基准进行比较，并以此作为基准。

增值

计算增值是价值链框架的核心，需衡量价值链中的财富创造。价值链的主要目标是有效捕捉最终市场价值，从而增加利润。

整个价值链的增值可以计算；或者，可以分解价值链中的各行为者和各阶段。畜产品可以通过多种方式增加价值——加工、运输（随空间增加价值）或存储中间产品（随时间增加价值）。

SFVC 框架中详细说明的增值包括五个组成部分（员工工资、资产所有者的净利润、税收、消费者剩余，正负外部性——参见图 5）。对于非正规程度较低的经济体，外部性、消费者剩余和税收可能更难纳入计算范围。

增值分配（相对于所提供的投入物，相对于商品的价格和周转率）很关键。在图 15 中，生产者似乎获得了最高的增值份额；但现实情况是，收集商和零售商在一天之内，就可以用与农场主相比最少的投入获得相当于他们 5 个月的份额。

在分析部门发展战略中的增值时，价值链应占国内或区域内总增值的大

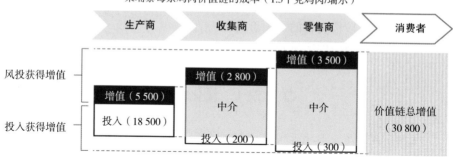

图 15 增值分配

资料来源：改编自小母牛国际柬埔寨，2013。

头；这些利益的分配必须公平。了解价值链上的价值创造并相应进行干预同样重要——例如，通过降低成本或提高质量来提高价格。

小规模生产者可以通过自己种植草料来降低生产成本，从而节省饲料采购费用，获取更多产品增值。

例如，在柬埔寨和越南，农场主合作社通过猪种、饲料补充剂和集体购买来提高猪肉质量，有一个项目旨在通过加强合作社来改善猪肉销售链。这样一来，各部分的联系可以带来更高价值，从而使小规模生产者获得更多增值（国际农业大都市，2010）。

生产成本，利润率

增值分析从宏观经济的角度考察价值链，包括税收、外部性等方面。另一方面，对生产成本，利润的经济分析则侧重于价值链参与者的直接运营以及整个价值链上收入和利润的分配。这会影响价值链的整体竞争力，并且允许用户像增值一样查看价值链各部分的分布。

成本计算考虑可变成本和固定成本。可变成本包括改良品种、饲料、兽药、雇佣劳动力和器械成本；固定成本包括租金、利息、其他融资费用和管理费用。其他成本包括交易费用和监管费用（例如商业注册）。成本计算帮助用户了解成本结构和动因（例如食品损失、产能不足），提高生产效率，降低成本。

该信息还可用于基准测试，比较（子）部门与直接竞争对手的成本结构。

利润率要结合每单位价格和相关成本结构来计算价值链上的利润分布。例如，在图 16 中，通过成本毛利分析，利润率以产品零售价格的百分比进行分布。净利润还考虑了非经营性支出，例如一次性兽医成本。图 16 中的案例提供了生产商、交易商和零售商之间的利润分配。

➡ 插文 12　食品损失与浪费

在发展中国家，粮食损失一般产生在消费前阶段。对于乳制品行业来说尤其如此（在发展中地区，损失达 20%～25%），目前为止，本地和集散/分销阶段损失最大，原因大多在于缺乏合适冷链系统。在畜牧生产阶段同样损失了很多食物。据估计，在非洲撒哈拉以南，粮食总损失达 30%，肉类行业占到一半以上。

在给定价值链中，一旦认定食物损失为大问题，在价值链不同阶段对其进行量化并制定相应干预措施能发挥作用。

例如，一项对土耳其奶牛牛奶供应链的研究对量化供应链中各环节损失、确定主要原因大有裨益。结果表明：最大损失产生在生产阶段，主要原因是小型家庭农场的不良卫生习惯造成的动物疾病。

供应链阶段	损失与浪费	备　　注
农业生产	10%	动物疾病 谷仓条件恶劣 小型企业喂养习惯不当 挤奶机操作不当导致乳腺炎 挤奶行为不当
储存	1%	冷却槽不合规 为节省能源高昂成本不使用牛奶冷却箱 在运输过程中不遵守冷链规则 长途运输
加工与包装	1.5%	小型企业加工中不使用乳清造成损失 灌装/包装机故障造成损失
分销	6%	因不遵守冷链规则造成损失
消费	1.5%	由于储藏和保存不当，超高温灭菌牛奶和白奶酪浪费最大
总百分比	20%	

资料来源：粮农组织，2011b；粮农组织，2013b。

➲ 建议 2 产　　值

与其他农业领域一样，畜牧业的产值包括：

- 向市场出售的产品价值；
- 消费（个人最终消费）或赠予的产品价值；
- 周期末用于未来销售或个人消费的（库存）存货值、期初的库存净值（库存变化）。

要计算总产值，**应考虑以上三个值**以确定一个时期内的实际产出。不能仅看销售量。

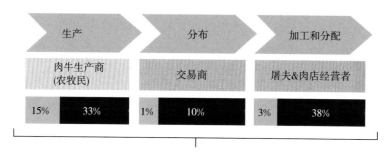

牛肉价值链上的成本与利润分配占整头牛零售价的百分比

图 16　给定价值链中的利润分布示例
资料来源：改编自 Kadigi 等人，2013。

其他经济分析

- **生产力分析**——检查在生产过程中如何有效利用资源（生产要素，例如土地、牧场、草料/饲料、劳动力）。它可以用来衡量与一个生产系统相对的另一个生产系统（例如放牧、饲养牲畜与零放牧）。生产力分析为基准化竞争价值链提供帮助。

- **收获前及收获后的损失与浪费因素**——在价值链不同阶段，各种浪费和损失都用来帮助了解损失点，以设计合适策略。

- **基准测试**——将选定价值链与行业平均值或竞争对手取得的最佳值进行比较，从而确定发展需求和潜力。基准测试可使用大量经济参数（例如生产力、产量、成本结构、增长率、投资）以及定性因素（例如技术和创新、研究、人员培训、市场法规以及卫生和植物检疫标准）。

- **交易成本分析**——着重发生在销售过程中的成本：信息成本（确定营销选项）、谈判成本以及监控和执行成本。小规模农场主在决定特定营销渠道时应考虑交易成本（De Bruyn 等人，2001；Ndoro，2015）。

- **成本效益分析**——用于做出决策、评估收支并了解价值链的特定方面（例如，各生产系统的成本效益比）。分析可以简单化，但也可以复杂却全面，能够获取经济、社会和环境效益（例如，收入、营养和对生态系统服务的贡献），也可以将牲畜疾病和虫害作为社区和国家的重要外部成本。在制定发展策略时，成本效益分析可用于评估不同的干预方案。

乳蛋行业有一个重要方面：资金来源固定，有时每天都有收入。相反，在农作物系统中，农民通常要等到丰收后才能获得报酬。因此，牛奶生产有助于促进收入多样化，刺激现金流（Henriksen，2009）。

3.3.4　可持续性

可持续性是 SFVC 概念的核心，涉及三个方面：**经济、社会和环境**。在整个价值链发展中，重要的是采取整体方法来实现价值链及其干预措施的可持续性。以上三个方面相辅相成：例如，环境的可持续性对于确保长期竞争力和经济增长十分必要。但是，这两个方面之间的权衡取舍也需要考虑：例如，牲畜活动通常会对温室气体排放和碳足迹产生影响，但是一体化的耕作制度对环境更加友好。同样，使用抗微生物剂有加速耐药菌传播的危险，但对人体和动物健康有益。大量工具可用来评估价值链在可持续性方面，尤其在环境维度上的效用。其中包括生命周期评估（LCA），可计算与产品生命各个阶段相关的环境影响（附录 2）。

> **⊙ 插文 13　畜牧业价值链中的 HACCP**
>
> 危害分析关键控制点（HACCP）为确保卫生和食品安全而开发，用于识别、评估和控制整个食品生产链中的生物、化学和物理危害。其基于七大原则：
>
> 1. 确定从生长、加工、生产、分配到消费的各个阶段与粮食生产有关的潜在危害。评估危害发生的可能性（**风险评估**）并制定控制措施（**风险管理**）。
>
> 2. 确定可加以控制的要点、程序和操作步骤，从而消除危害或将危害发生的可能性降至最低；这些均为**关键控制点**（CCP）。

3. 建立必须满足的关键限制，以确保 CCP 在控制范围内。

4. 建立 CCP 控制监视系统。

5. 制定纠正措施。

6. 建立验证程序。

7. 建立文档，需适用以上原则及其应用的所有程序和记录。

HACCP 系统依赖独立认证机构，确保通过适当程序来保证整个价值链的食品安全。大多出口市场必须遵守法规。

食品安全和卫生是畜牧产品的重要利害点，特别是在发展中国家的运输、屠宰、冷链和传染病风险等方面。由于 HACCP 在沿链活动与利益相关者的特点以及要实施的干预措施（法律框架的开发、能力建设等）方面与 VCA 要求类似，因此可以一起使用。

HACCP 与关注食品安全的畜牧业价值链项目具有高度相关性。

资料来源：粮农组织，1998。

- **经济可持续性**。价值链需具有商业可行性，有竞争力、增长潜力，从而确保可持续的经济影响，如增加收入、就业、税收和粮食供应。促进经济可持续发展的因素有：
  — 终端市场增长预测；
  — 增加就业；
  — 价值链与竞争对手和潜在替代品相比之下的竞争力；
  — 产品成功品牌化；和
  — 进入新市场和或利基市场；

➡ 插文 14 性别考量

畜牧业的特点在于性别差异。升级策略须反映不同的角色和动力，并能应对随之而来的挑战。基于性别的限制（GBC）可以定义为"基于性别角色或职责限制男人或女人获得资源或机会"（美国国际开发署，2009）。

这些制约可能是无法获得金融服务或该行业中的特定性别差异化角色。例如，在非洲撒哈拉以南，传统上挤奶是妇女的责任，而出售或宰杀奶牛则由男人承担。《了解性别问题并将其纳入畜牧项目和计划 从事人员清单》（粮农组织，2013）与《开发带有性别敏感性的价值链：指导框架》（粮

农组织，2016) 两大准则用于确定并分析 GBC，使价值链从事人员能提升
与性别不平等和歧视有关的低效率，从而提高干预可持续性。

粮农组织.2013.了解性别问题并将其纳入畜牧项目和计划.从事人员清单.粮农
组织，罗马

粮农组织.2016.开发带有性别敏感性的价值链：指导框架.粮农组织，罗马
(http：//www.fao.org/3/a—i6462e.pdf)；

美国国际开发署.2009.促进农业价值链中性别平等机会.华盛顿特区。

畜牧业通过以下方式促进农场主的经济可持续发展：

— 它们在需要时，可以作为可转化为其他有价值商品的金融资产或融资
抵押品；以及

— 促进生产活动和生活水平的多样化，提高农民的经济（和环境）适应
能力（即牲畜是一种金融资产）。

- **社会可持续性**。为使价值链在社会层面上具有可持续性，确保经济增
长具有包容性、公平性以及积极的社会影响，需考虑以下因素：

— 包容性增长；

— 利益的公平分配；

— 获取食物、粮食安全及营养的权利；

— 赋予女性、年轻人和弱势群体权利；

— 解决包括土地权属问题等潜在冲突；

— 促进工人权利和职业的安全与健康；以及

— 促进动物福利。

- **环境可持续性**。畜牧业应该在不消耗自然资源的情况下实现增长。畜
牧生产系统往往与不同生产环境相互影响；

畜牧外部性可能对其所在环境产生不同负面影响（水、土地、土壤、空气
和生物多样性退化）。

➡ 插文 15　气候智能型畜牧业价值链

气候智能型农业旨在通过以下方式解决粮食安全和气候变化：①持续
提高农业生产率和收入；②适应并增强抵御气候变化的能力；③尽可能减
少和或消除温室气体排放。畜牧业内部有很大空间来缓解和适应气候变化。
在生产阶段和价值链阶段都可以进行干预。

生产阶段的干预：

* 改善资源管理（水、土地、饲料等）。
* 通过平衡和适应土地上的放牧压力来优化放牧方式（改善碳汇、降低碳排放）。
* 改善废物管理（例如，存储粪便并作为能源使用）。
* 适应性育种——优先考虑效率（相对于碳排放）和或对高温、营养不良、寄生虫和疾病的耐受性。
* 改进畜群管理、疾病控制和喂养策略。
* 活动的多样化和综合管理。

价值链上的干预措施：

* 减少对投入物（饲料、疫苗等）的依赖。
* 减少不同价值链阶段（例如运输、储存、包装和零售）的食品损失和浪费。
* 减少运输中的温室气体排放（当地消耗）。
* 匹配供需（即减少供过于求），改善市场准入。

总而言之，CSA 实践中，缺乏信息、获得技术的机会有限以及资金不足是主要障碍。要克服这些障碍，就需要采取涉及能力建设和扩展工作以及适当融资机制的干预措施。

资料来源：粮农组织，2017c。

由于极端气候事件（干旱、洪水等）增加、可用的饲料和水减少、新型传染病出现，畜牧生产可能受到影响。

据估计，畜牧业排放占全球温室气体排放量的 14.5%。同时，牲畜系统使用了大量人类无法食用的食物。

➲ 插文 16　土地使用权问题

大多数畜牧系统都依靠土地放牧、饲料生产和畜群运动，特别是牧草系统。为解决土地资源的不确定性和异质性，小规模农场主寻求共同的解决方案，例如迁移畜群或制定共有权。

但是，在**土地使用权上还有许多挑战**，例如：

* 关于使用土地和相关资源的利益冲突；
* 缺乏不同规模的综合土地利用规划；
* 州政府与牧民社区之间的体制关系薄弱；

- 缺乏牧民参与机制；以及
- 缺乏法律框架。

随着价值链的发展，非牧区和牧区的重要问题是土地使用权和获得土地的机会。鉴于土地可用性通常决定饲料的可用性，因此有关土地的获取问题可能会限制小规模牧民的生产。

重点在于要确定土地获取限制畜牧业生产的程度。以下方面需要考核：

- 有组织牧场的治理；
- 本地及社区的实践；
- 相关土地政策；
- 土地使用者的权利；以及
- 划定并保护牧场。像设立保护区、女性获得土地或无地人士进入放牧区等其他情况也可能出现。

资料来源：粮农组织，2013c；粮农组织，2016a。

畜牧业提供的生态系统服务不仅重要且多样化（插文 17）。一些生态系统服务可与社会或经济可持续性联系在一起。

◯➔ 插文 17　畜牧生态系统

在提供生态系统服务方面，畜牧业发挥着至关重要的作用。此类服务将非人类食用饲料和有机废料转化为有用产品。此外，牲畜通过踩踏、放牧和搜寻以及排便和生态系统（例如土地、植被和土壤）产生直接联系。最后，牲畜的流动性使它们能够应对生态系统资源（时间或空间层面上）的可用性波动。因此，生态系统服务应纳入价值链，不仅要确保这些服务的长期可用性，而且要增加服务提供者的收入（例如，借助认证机制等市场手段）。

可以考虑以下生态服务类别：

- 提供服务——从生态系统中获取物料（例如食物、纤维、毛皮、肥料、燃料、畜力、遗传资源）；
- 规范和维护服务——从调节和维护生态系统过程中受益（例如废料回收、转化非人类食用饲料、防止土地退化和侵蚀、调节水质和水流量、控制雪崩和火灾、维护物种生命周期）；
- 文化服务——从生态系统中获得非物质利益〔例如，充实精神、发展认知、反思、（娱乐/生态/农业旅游）、审美体验、文化和历史遗产、自然（景观）遗产〕。

尽管市场体系通常不会需要非供应生态系统服务，但这些服务对价值链参与者可能十分重要，因此在分析价值链可持续性时应将其考虑在内。

资料来源：粮农组织，2014b。

在 VCA 中必须考虑以上所有因素，同时以下方面也需涉及：

- 价值链活动对环境（即投入生产、贸易、畜牧生产、加工）的正负面影响。可能包括水资源污染、地皮与土壤退化、与野生动植物的相互作用（正向或负向），以及牧区的维护和农作物有机肥的供应。
- 在短期和长期，价值链参与者分别获取的环境资源。
- 牲畜在废料和农作物残渣的回收利用过程中的参与度。
- 面对极端气候事件（干旱、洪水等），价值链表现出脆弱性和潜在复原力。
- 当地物种的特定适应能力。
- 特定地理位置的环境价值及其与牲畜活动的潜在相互作用。

3.3.5 市场体系分析

核心市场同支持市场和有利环境相连。因此，核心市场中问题起因可能在其中一个子系统。

价值链包括许多不同的市场系统：中间市场、投入市场、金融市场和其他服务市场。每个市场系统都有支持功能及相应的非正规和正规规则，共同构成有利的环境和整体治理结构。乳制品核心价值链可以针对特定市场系统（图18）进行分析，其支持功能和规则（治理和有利环境）中存在的约束条件在图17中进行了展示。

市场系统分析使我们能同时研究核心市场和子系统，从而确定任何问题的根源。

因此，除非相关市场效率低下的问题得到解决，否则对核心价值链的干预（例如，提高价值链的效能或效率）可能效果有限。

例如：在图17的乳制品价值链中，提高小农生产率可以解决牛奶供应有限的问题。一种解决方案是引入更好的畜种。但是，要使高产乳制杂交品种充分发挥其遗传潜力，就必须改善饲料供应（投入市场问题）。简而言之：就成本/收入而言，单独的干预措施效果有限，甚至是负面的。

市场系统分析用于了解价值链的治理系统并确定系统中的**杠杆点**。因此需集中关注可以给整个价值链带来广泛变化的点。这些杠杆点可以是有形的，例

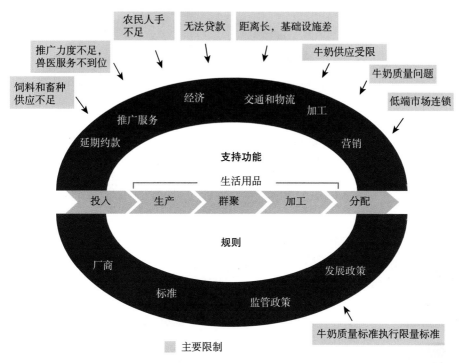

图 17　埃塞俄比亚核心乳制品价值链支持功能中的制约因素

资料来源：改编自 Kitaw 等人，2012。

如组织节点（生产者协会）；也可以是无形的，例如经济激励措施（为提高牛奶质量而支付保费）。

各约束条件之间的关系和相互依赖性需要确定，然后对它们进行优先化和排序。在上面的示例中（图 17），为解决牛奶供应有限的问题，改良品种之前应先进行饲料改良，并着眼于整个饲料市场体系（图 18）。

3.3.6　战略分析

价值链的战略分析包括对整个价值链或链中一个及多个的细分进行 SWOT 分析。SWOT 分析评估了价值链的内部优劣势、影响竞争优势的外部机会和威胁以及可持续、包容性的增长潜力。表 6 列出了可用框架，表 7 提供了 SWOT 分析示例。

SWOT 分析应根据 VCA 相关问题进行细分。例如，该分析可能包括扩展价值链和有利环境的组成要素（生产、加工、营销、政策）（表 7），和或针对项目重点考虑主题性问题（质量、营养、气候、性别和少数民族、动物育种、饲料、食品安全）。

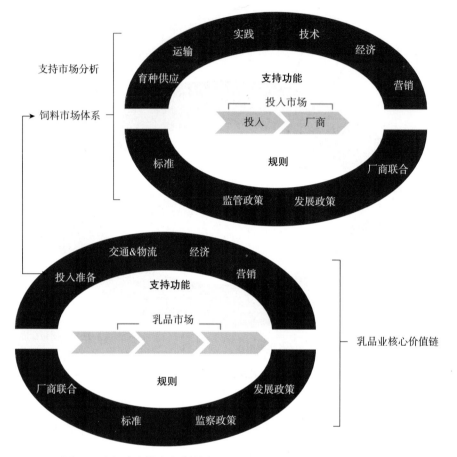

图 18 为解决支持市场低效率的有针对性饲料供应市场系统分析

表 6 SWOT 分析框架

优势	不足
赋予价值链竞争优势的关键内部资源和能力（例如，优质原材料的可用性、接近市场的距离、特定的技能组合）：	缺乏关键的内部资源和能力（例如技术专长、道路通道、兽医支持）：
• 创意理论（USPs）	• 影响力不足
• 资源、资产、人员	• 融资有限
• 经验、知识、数据	• 自身知识不足
• 财务储备，可能的回报	• 时间表、期限和压力
• 营销——覆盖、分发、认知	• 现金流，启动资金流失
• 创新	• 连续性、供应链稳健性
• 地点	• 对核心活动的影响，分心
	• 数据的可靠性、计划的可预测性

（续）

优势	不足
• 价格、价值、质量	• 士气、承诺、领导力
• 认证、资格、证书	• 认证
• 流程、系统、信息技术、通信	• 流程和系统
• 文化、态度、行为	• 缺乏冷链

威胁	机遇
对利润和增长构成威胁的价值链外部因素：	价值链之外的因素可以是利润和增长的机会，例如新兴的小市场或龙头企业：
• 政治影响/立法影响	• 市场发展/竞争对手的弱点
• 环境影响	• 行业或生活方式趋势
• 信息技术发展/竞争对手的意图	• 技术开发与创新
• 市场需求	• 全球、区域和地方影响
• 竞争对手和潜在替代品	• 新市场，垂直、水平层面
• 新技术、服务、想法	• 新的销售主张
• 重要合同和合作伙伴	• 战术——出其不意、大型合同等
• 维持内部能力	• 业务和产品开发
• 失去关键人员	• 信息和研究
• 可持续的资金支持	• 伙伴关系、机构、分销
• 经济——国内、国际	

表 7 坦桑尼亚乳制品价值链的 SWOT 分析示例

优势	不足
生产问题	**普遍问题**
• 饲养动物是坦桑尼亚的传统活动，人们没有接受专门的培训	• 没有正确的价值链发展愿景
• 坦桑尼亚许多地方都有用于乳制品生产的土地	• 缺乏对整个价值链的投资
• 动物数量多，非洲第三	• 价值链管理和协调不足
• 该国某些地区非常适合乳制品生产（例如，在坦噶，全年雨水充沛，草质充足）	• 链条上没有明确的角色分工，过多的参与者整合
• 生产商确保全年有固定收入，尽管利润率很小	• 链条中的参与者过多
• 是农村发展的有力工具，因为在全国大部分地区，社会较贫困地区可以定期创收	**生产问题**
	• 在生产高峰期无法收集所有牛奶
	• 集约化养殖系统的饲料成本非常高，降低了牛奶利润

（续）

优势	不足
营销问题 • 坦桑尼亚和该地区巨大的乳制品市场 • 该国某些地区的消费者意识很高 • 质量问题 • 牛奶对粮食安全的特殊营养价值 • 政策问题 • 总体上有支持农业的政治意愿	**处理问题** • Dares Salaam 市场上的低存储能力 • 没有合格的乳制品专家和技术人员 • 牛奶收集系统不完善，冷链很少 • 坦桑尼亚没有乳制品设备和包装材料供应商 **营销问题** • 未受过牛奶价值教育的人口 • 不推广乳制品 • 生产者的市场准入很差 • 当地市场供应不足 • 坦桑尼亚消费者更喜欢进口产品 • 坦桑尼亚的乳制品消费量低 **质量问题** • 小贩掺假牛奶并以加工牛奶的价格出售 • 没有批准的牛奶容器可供原料奶贸易商使用 **政策问题** • 双重标准，加工商被当局控制，但黑市并没有

威胁	机遇
生产问题 • 当前奶牛的遗传侵蚀，尽管做出了努力，但该品种并未改善 • 坦桑尼亚的乳制品研究没得到很好的发展，过去的成功几乎消失 • 高投入价格 • 肯尼亚挤奶工抬高价格并限制供应 **处理问题** • 目前的价格，加工商无法与小贩竞争 • 高投入价格 **营销问题** • 进口成品通常比本地生产的产品便宜 • 消费习惯改变，牛奶不再被视为必需品 **政策问题** • 政府未将乳制品视为优先部门 • 涉及乳制品行业的监管机构过多	**普遍问题** • 乳业具有巨大的区域发展潜力 • 牛奶对粮食安全很重要 • 许多乳制品行业的支持者正在加紧生产 • 对饲料厂投资的兴趣正在增长 **生产问题** • 制造保质期更长的高价值产品 **营销问题** • 对乳制品的高需求 • 学校计划促进牛奶消费 • 机构市场正在增长 **政策问题** • 通过"Kilimo Kwanza"农业转型政策的政治意愿

资料来源：改编自 Dillman 和 ijumba，2011。

　　战略分析还应关注价值链的**动力**及其影响因素。该分析包括终端市场的变化，例如消费者喜好和市场需求等，或者价值链流程的变化，例如技术和创新、龙头企业行为、新兴服务或投入及总体规则规范等。为了解价值链适应性及其战略意义，了解这些动力很重要。

步骤 4　愿景和发展战略

这一步骤就如何与主要利益相关方和合作伙伴一道制定具体和现实的愿景并阐明价值链发展战略和行动计划提供了实际指导。价值链**发展战略勾画出了整体的博弈计划**。它解决了价值链参与者和合作伙伴不（缺乏激励）或不能（缺乏能力）利用市场机会的根本问题。该战略不仅涉及核心价值链（价值链发展），而且还涉及支助职能和有利环境（价值链促进）。行动计划的一个组成部分是如何与负责执行和融资的合作伙伴一起实现远景目标和发展战略。我们必须从一开始就确定明确的撤出战略，包括资金来源。

VCA（第 3 步）确定要实现的目标（愿景），并对实现这些目标（战略）必须解决的关键制约因素进行优先排序。它确定了处理价值链参与者能力与激励措施的杠杆点和活动。愿景和发展战略取决于方案背景（即方案重点、可用资源等）。

一旦确定了机会，我们就可以制定远景目标。**该战略具体规定了实现愿景的关键目标和方法**。行动计划使愿景和战略具有可操作性，将它们分解为可由价值链参与者（由方案促进）实现的各个组成部分。为了实现干预措施的可持续性和进程的自主权，确定合适的政治伙伴和执行伙伴至关重要。监测和评价系统跟踪项目绩效，以确保预期目标和愿景得以实现。

➲ 应由谁参与？

愿景和发展战略必须经由专门小组讨论和验证。这一小组代表参与延伸价值链每一步骤（从生产者到消费者，包括服务提供者）和有利环境（例如决策者）的相关个人、组织和机构。

4.1　愿景和战略目标

根据方案背景和价值链分析，第一步是商定对价值链状况的愿景：如何界定价值链？何时实现价值链？然后，就有可能设计以实现这一远景为目标的发展战略。这为价值链发展提供了**战略方向**，并与关键价值链参与者和合作伙伴达成共识。

在制订远景时，应做到以下几点：

- 选择一个时间视角——五年后价值链应该是怎样的？
- 如有可能，简短陈述下；
- 对于在规定的时间内可以实现的目标要现实；
- 可持续，并包括经济、社会和环境影响；
- 遵循总体方案目标和重点。

必须让价值链利益相关方（来自核心价值链、支助职能和有利环境）参与开发和验证过程。战略政治伙伴和价值链参与者确保了业务目标和政治要素的纳入。

方案目标可能各不相同。尽管如此，我们必须解决**核心目标**（例如提高竞争力和盈利能力）和可持续发展三个方面（即经济、社会和环境）的问题。该部门的竞争力和增长（核心目标）对于实现其他方面的目标（例如确保价值链更具包容性和可持续性）是必要的。

农研协商组（2016）对埃塞俄比亚小型反刍动物价值链的设想如下：

到 2023 年，埃塞俄比亚人民从公平、可持续和高效的绵羊和山羊价值链中受益：他们的动物生产效率更高，牲畜市场为生产者、消费者和企业服务，有更多负担得起的、更健康的小型反刍动物产品，整个链条所涉人民的生计和能力得到改善。

发布方案的愿景声明之后，我们要确定**核心价值链目标**（例如，通过产品差异化降低成本和通过寻找新的市场渠道提高竞争力）和**发展目标**（例如，穷人进入市场，包容性增长以及气候复原力和可持续能力）。

战略目标要尽可能具体、精确。在可能的情况下，应量化目标（例如要达到的价值和数量、要创造的就业机会）。这些目标是根据所选择的一项或多项发展战略确定的。关于如何阐明远景，发展战略和行动计划的例子，见插文 19。

4.2　发展战略

发展战略确定了价值链参与者**如何在该方案的推动下实现远景规划中规定**

目标的博弈计划。在设计战略时，我们应考虑以下一种或多种发展途径（Microlinks，2010）：

- **工艺升级**。畜牧生产效率提高：通过提高能力、创新和技术或改善支撑市场，特别是投入市场，我们可以降低成本。这提高了整个价值链和价值链各参与者个体的竞争力，从而提高了盈利能力。

例如，工艺升级战略可以提高产量（例如通过改进喂养和遗传等）或减少粮食损失（例如通过更有效的运输和冷藏等）。

- **产品升级**。通过提高质量和增加附加值来改进畜产品本身：支持畜产品加工，促进遵守产品生产标准和条例（如危险分析的临界控制点或有机生产指南）。这提高了整个价值链和价值链各参与者个体的附加值和竞争力，从而提高了盈利能力。

例如，产品升级战略可以提高产品的卫生质量或将其加工成替代产品（例如将牛奶转变成奶酪或其他乳制品）。

- **功能升级**。价值链中的参与者通过向价值链上游转移进入生产或分销环节，获取更多的附加值；或公司确保其供应链安全（满足严格的市场要求和标准）并整合下游生产。这改善了价值链的管理结构和商业联系，提高了整个价值链和各个价值链参与者个体的竞争力（从而提高了盈利能力）。

例如，小规模生产者会利用价值链的某些职能（屠宰或分销）更直接地进入当地市场并获得更大的产品增值总量。

必须强调的是，中间商和贸易商在向小规模生产者提供市场准入、市场信息甚至融资方面将发挥关键作用。任何将他们排除在价值链之外的战略都必须慎重考虑。

- **市场升级**。价值链参与者以同一产品或改进的产品进入新的市场和或新的市场渠道。市场升级既包括市场渗透（更深入的拓展），也包括市场多样化（进入新市场）。

例如，一个价值链可能寻求进入一个特定的城市、出口或有机市场。

上述要素并不相互排斥。例如，市场升级通常与工艺和产品升级同时发生，以满足一个新市场的需求。

发展战略确定了总体方法和为实现远景而需要考虑的核心组成部分，然后制定一个更详细的行动计划（将不同的组成部分分解为任务和活动）（步骤5）。

在行动计划中确定部门战略时需要考虑的重要因素包括：

- **市场导向**。需要以市场为基础，寻找在商业上可行的解决办法，以便：①促进价值链的可持续增长；②解决限制小规模生产者和中小微企业增长和竞争力的市场失灵问题。这确保了干预措施是由需求驱动的，并在融资结束和项目便利停止后形成可持续的（行为）变化。

例如，世界银行资助的一个埃塞俄比亚项目支持私营牲畜投入提供者（饲料、设备等），办法是：①通过提高对改进投入的认识催生市场需求，从而提高生产效率；②改善私营企业在偏远农村地区的销售网络；③提供适当的信贷服务。私营部门可提供更高质量的投入，弥补了政府推广服务的不足。

- **综合办法**。在价值链的不同阶段和不同层次（核心价值链、支助职能和有利环境），需要制定参与者个体之间相互关联的发展战略。这些战略解决了阻碍价值链及其各参与者发挥潜力的制约因素。为了实现这一愿景，需解决所有制约因素。此外，战略干预措施需要正确排序：连续的干预措施必须建立在先前干预措施的成果基础上。

例如，如果一项战略旨在进入某一特定市场，它可能首先要求价值链在可追溯性和食品安全标准方面满足该特定市场的要求。

- **包容性方法融合**。必须考虑到目标参与者，如妇女和男子、族裔和宗教群体以及年龄群组在能力和需求方面的潜在差异。参与者可能需要了解针对其具体需要的干预措施（插文18）。
- **速战速决**。需要结合短期、中期和长期的干预措施和解决办法。这包括确定通过快速实施干预措施就容易实现的目标。这个目标对于项目获得动力和赢得价值链参与者，特别是购买者和政治伙伴的信心很重要。这些物有所值的备选办法应在干预措施开始时加以确定和推行。

例如，可为易于采用的做法提供支持，如用于改善喂养效果的矿物质饲料砖、向参与者提供基于电话的市场信息服务和定期开展疫苗接种和驱虫活动（只要这种活动持续进行）等。

➡ 插文 18　提高家畜生产力和商品化的转化途径

埃塞俄比亚牲畜和渔业部门发展项目是世界银行支持牲畜生长和改造的一个项目。它采用双重方法：
- 支持近期和长期能力建设；
- 通过向小规模生产者提供全面扶持，以战略商品价值链为目标。

为了解决小规模生产在能力和发展方面的异质性，该项目制定了一条提高牲畜生产力和商业化的转变途径。这预示着小规模生产者将逐步以包容和可持续的方式实现提高生产力、商业化和市场准入的目标。每个阶段都需要针对小规模生产者的具体需要采取一套干预措施。

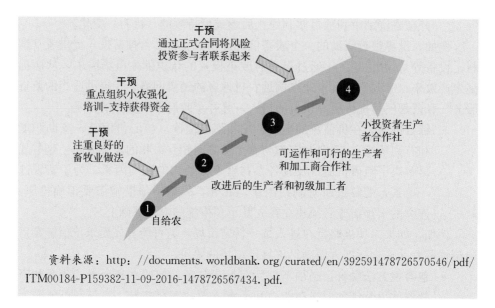

资料来源：http://documents.worldbank.org/curated/en/392591478726570546/pdf/ITM00184-P159382-11-09-2016-1478726567434.pdf.

- **杠杆点**。重点必须放在杠杆点上，以确保最大程度地干预影响。潜在的杠杆点包括价值链中对价值链的增长和结构具有强大影响的参与者（如牵头公司）；组织节点（例如小规模牲畜饲养者组织）；和社会结构（例如乡村带头人之间的合作可以获得社区的尊重和信任）。

其他杠杆点与方案的扩大战略相联系：选定的合作伙伴应具有广泛性（在地理上或在与其他价值链和部门的联系方面），并对经济产生重大影响。

例如，与商业发展服务部门合作建立商业模式，向中小微企业加工商提供卫生和植物检疫标准，比直接与加工商本身合作具有更大的外联作用：这些服务部门还与其他区域的加工商以及其他价值链和分部门合作。

- **权衡和联系**。因为小规模畜牧民往往在混合农畜系统中同时生产农产品和畜产品，所以应酌情采取部门间（价值链间）协作办法。农作系统一体化进程加快，价值链发展战略需要考虑价值链网络中生产和营销各个阶段之间的关系，以及不同产品之间的机会成本和权衡。还应综合考虑农场以外的因素和就业机会。例如，在混合农畜系统中，一项权衡涉及决定将作物残余物用作饲料来源或作为土壤改良剂（即有益的有机物质）。

分析为战略和行动计划的设计奠定了基础。然而，在执行过程中，出现制约因素和瓶颈在所难免。监测和评价对于鉴定这些意料之外的障碍至关重要，这些障碍需要纳入战略和行动计划。更重要的是，项目设计人员以及执行者和发展伙伴要有足够的灵活性，**以便在机会和挑战出现时将其纳入战略和行动计划之中。**

步骤 5　计划和执行

5.1　行动计划

行动计划根据事件、方式、时间、人物（以及地点）描述**如何实施战略**，包括：①核心价值链；②支持市场；以及③有利环境（如政策、法规、制度建设等）。

行动计划提供具体的实施细节，包括：

- **事件**。具体干预措施的详细描述（按顺序进行）。
- **方式**。用哪些工具和方法来实施［例如（内外部）技术专家、研讨会和基础设施］？
- **节点和（子）指标**。这样做导致的直接结果？如何衡量？
- **时间**。何时实施，节点完成时间？
- **人物**。谁来领导，谁来执行（见插文"谁应该参与"）？
- **费用**。不同活动［如研讨会、差旅、工作日（技术）和基础设施］的成本分别是多少？

➡ 谁应该参与？

为更好实施行动计划，此前曾为发展战略背书的合作伙伴将参与到实施中（步骤5.2）。此外，还将邀请具有相关技术、管理等专业知识的服务商和顾问。上述参与人员可能是扩展价值链的参与者或战略/政治合作伙伴（有利环境）。

图19显示了干预措施可能出现在价值链的哪些阶段，包括治理、业务联系、宣传、政策和法规等。为突出显示干预活动位于价值链的哪一部分，可将

干预措施可视化，反映在价值链图上（确保下面的价值链图仍然清晰可见），使受众（战略合作伙伴、实施者等）了解旨在干预价值链的哪个功能，谁是该功能的负责人，以及所涉及的业务联系。

图 19　产业链中可存在的干预元素

图 19 展示的是 2012 年东非农民联合会（EAFF，2012）项目中的干预措施及其组成部分，该项目旨在促进肯尼亚和乌干达牲畜制品增值。干预措施包括：

- **核心价值链**：加强对生产者的组织（治理）；提高能力；完善增值实践和技术水平。
- **支持功能**：提高肉类和其他畜产品的卫生情况和处理能力（标准和认证）；发展冷链和适当的运输方式（服务）；促进投资（服务和业务联系）；提供适当的金融设施（资金）。
- **有利环境**：建立屠宰场（基础设施）；搭建相关政策框架，提升附加值（政策和规定）。

一个方案可以集中干预一个关键领域，但更常见的做法是一个干预方案覆盖多个领域，而每个领域又有多个组成部分。步骤 1～3 确定干预的重点，其中方案背景、目标和资源决定了干预的范围和界限，价值链分析决定了要面临的重大挑战和机遇以及需要调动的资源。

插文 19 显示了如何在行动计划中实施愿景和战略。表 8 至表 14 提供了干预措施的例子，插文 20 至插文 26 给出了详细的案例研究。

> **插文 19 提高非洲小农场主养鸡产量：愿景、战略和行动计划的案例**

非洲鸡遗传增益（ACGG）项目旨在利用现有的研究成果，同时在国家价值链中开发和应用遗传学的创新方法。尼日利亚提出了以下愿景、目标和行动：

愿景

将小农场的鸡肉生产转变为商业上可行的企业生产，使其积极参与到私营领域中去，通过向农村社区投入更多、也更适合当地情况的鸡肉生产和服务，增强农村妇女能力，同时增加收入，保障家庭营养摄入。

目标

• 确定哪种类型的遗传改良鸡种具有较高的生产力和地方适应性。

• 通过公私合作伙伴关系（PPP），改善对农村小农场鸡养殖（SHC）的禽类供应、投入和服务。

• 提高家禽养殖的产量、生产力、收入和家庭消费。

• 在农村小农场鸡养殖的价值链中给予妇女权力（通过控制资源）。

实现发展目标的行动

• 在国家和国家以下各级单位建立创新平台，让妇女和所有利益相关方及参与人员的代表都参与到农村小农场鸡养殖的价值链中。

• 支持/创建农村小农场鸡养殖女农场主合作社/商业中心。

• 支持/创建投入品供应商和产出购买者的妇女商业中心。

• 培训农村小农场鸡养殖价值链和创新平台所需的参与者。

• 用四种尼日利亚语言开发关于鸡肉管理最佳实践的学习资源（手册、视频、在线材料等）。

• 为农村小农场鸡养殖价值链和创新平台建立监控和评估系统。

实现研究目标的行动

• 对五个区域的农村小农场养鸡情况进行基线调查。

• 对遗传菌株进行站上和农场现场评估。

• 为长期遗传增益评估建立可持续的数据和样本收集系统。

资料来源：改编自 Adeinka 和 Bamidele，2015。

5.1.1 治理与业务联系

发展战略的核心是加强治理和业务联系，将重点放在商业运作和商业交易上，包括：

- 整个链条的治理；
- 价值链不同环节之间的业务联系（垂直业务联系）；
- 在价值链的同一环节中（横向整合），参与者（如小规模生产商或乳制品加工者协会）之间的业务联系。

治理。价值链的整体治理结构有助于项目识别杠杆点，并确定对价值链产生的影响。需要确定对整个产业链有重大影响的主导企业并与之合作，但也可以包括其他关键参与者，如主要供应商，甚至包括贸易商等中介机构。其他动力包括来自有利环境的影响。

垂直业务联系。纵向联系提高了市场准入率和市场效率，改善了价值链上的利益分配。垂直业务联系旨在加强：

- 参与者之间的沟通和信任（如联合实地参观、谈判、对话平台等）；
- 市场信息的流通（如在短信、电台、村长、贸易商、生产合作社等之间的流通）；
- 市场便利化（如促进投资、贸易展览会、商业配对等）；
- 小规模生产者与投入品供应商/购买者之间的联系；以及
- 包容性商业模式，如合同农业模式，即通过商定价格和数量共同打造一个安全的市场，并可包括嵌入式服务（如技术人员遵守相关规定和要求等）。

因此，加强业务联系不仅限于商业交易，还包括促进相关信息、专业技术知识和资金的流动，保持彼此之间良好的合作关系。

横向业务联系。横向一体化有助于增强小规模牲畜业生产者和牧民的能力。例如，建立农民团体有助于解决该领域普遍存在的供应分散问题。除了能力建设之外，还必须确保采取一定的激励措施，因为小农场主只有认识到利益最终会超过成本（包括时间成本）才会集体行动。

集体行动提高了小规模农场主与购买者和投入品供应商的谈判能力，使他们能够满足大买家的数量要求，并批量采购投入品。其他好处还包括共享基础设施（如储存和运输等）带来规模经济、联合抵押获取资金、更好地进行能力建设以及与决策者联合宣传。

作为集体行动的一部分，专业协会提供诸如政策宣传、最新市场趋势信息、培训和技能提升以及投资促进等服务，这些也是潜在投资者参与价值链的切入点。

对话平台在加强和完善治理结构上发挥着重要作用，无论是对整个业务领域，还是对特定的价值链或行业，对话平台都至关重要。它加强了对话和沟通，提升了利益相关方之间对彼此的信任。针对对话平台的干预措施包括：建立平台；为增加代表性和联系提供支持；提升谈判能力；促进对话，解决冲突；以及组织企业圆桌会议。

> ### ➡ 插文 20 贝宁牛市的治理和自我管理
>
> 贝宁当地的中介机构迪拉利斯（*Dilaalis*）在牲畜市场管理方面颇受诟病，包括缺乏透明度、削弱牲畜饲养者的议价能力以及由于缺乏记录没有收取市场费用。
>
> 荷兰发展组织（SNV）帮助巴西拉的市场利益相关方为当地市场设立新的愿景，建立了市场基金，为每只出售的动物收取费用，以及停车费。迪拉利斯现在的任务不再是充当中间人，而是通过公开透明的记录，确保每一只售出的动物都可追溯；他们监督自己区域内的市场交易，按人头收取固定价格。捐助者和组织共同资助改进基础设施状况，将市场交易商、卖方和中间人进行分组。
>
> 至此，牲畜饲养者有了更多自主权，可以直接协商牲畜的销售价格。现在，迪拉利斯的管理透明度和效率得到提升，同时负责征收税金。动物买卖数量大大增加，市场营业额从 2008 年的不足 2 600 美元上升到 2011 年的 20 000 欧元以上，同期市场从业人员的数量也翻了一番。
>
> 资料来源：Houedassou, 2013。

5.1.2 实操与技术

提升实操能力和技术水平不仅可以提高竞争力和生产力，还可以应用于价值链的任一环节。提升实操能力和技术水平涉及的方面包括：

- **技术能力和技能**。为提高生产力、降低成本、减少食物浪费，就必须完善农业投入品和交付品（包括饲料、医疗保健和牲畜遗传基因）；生产（畜牧业）；装卸和运输；以及加工处理。不仅要改进生产和加工工艺，还需要升级分销和推广手段。例如，在基因改良项目中，要确保改良后的遗传物能够到达住在偏远地区的小规模生产者手中，这对能否人工授精成功至关重要。

- **业务管理技能**。价值链中的许多参与者无法盈利，他们缺乏基本的会计技能，也不懂生产规划和营销等相关专业知识。

- **技术**。以增值牲畜制品（更好的质量、加工和处理工艺）为目标的价值链必须改进技术，并提升参与者使用技术的能力。各项技术的升级并不相同，从使用基本工具到采用复杂的机械化处理系统，每项技术升级各有特点。

提升实操能力和技术水平的关键是知识管理、技术推广和案例推广（步骤 6.2）。应优先考虑技术便利化，而非直接干预：培训项目应通过宣传推广或由农民田间学校提供。

表8　有关治理和业务联系的干预措施示例

干预措施	结果/影响
协助创建、加强或扩大小规模生产合作社和或价值链中其他参与者组织	小生产者的议价能力得到提高，可与大买家进行合作并以较低成本获得服务；治理水平和业务联系得到加强
推动和支持建立合同农业模式，保障持续供应，提高产品质量并发放相应津贴（包括嵌入式服务，如技术专业知识和培训）	提高了产品质量，增加了农民收入，保障了供应的持续性
支持开发信息系统，通过无线电或手机端向价值链参与者提供最新的市场趋势和其他相关新闻	让参与者更了解情况，议价能力得到提高
协助土地所有者和牲畜制品生产者订立有关草原区管理和使用规则的合同	土地矛盾得到妥善处理，草原管理得到改善
培训调解员在特定情况下进行冲突调解（如牧民主义）	更好地解决冲突和进行治理
提高社区领导人和地方当局对畜牧业生产中性别问题的认识水平	农业领域的实操朝着性别平等和赋予妇女权力的方向发展
支持组织能力培训，提升参与者在农业领域对性别问题认知的敏感度，男性和女性均要参与培训	对话方式得到改善；提高了人们对性别问题的认识；决策可以更好地反映两性平等和妇女权利
推动参与者建立新型伙伴关系，通过冷链改进产品的收集和汇集方式，让偏远地区的奶农也能将商品运送到城区超市中	增加了小规模生产者直接进入市场的机会
组织多方会议（涵盖各利益相关方）、商务圆桌会议和社交	参与者之间建立了信任

5.1.3　标准与认证

随着消费者对动物健康和食品安全问题的日益重视，动物健康和食品安全标准成了牲畜价值链必不可缺的一环。消费者的关注有助于提高产品质量，升级处理工艺，并增加产品进入新市场的机会。他们提出的高标准也有助于最大限度地减少粮食浪费和降低生产者的经济损失。

对动物健康和疾病风险管理的干预（插文13）旨在控制疾病对牲畜业生产的影响，避免疫情大规模爆发。干预措施包括：政策和立法方面向公共机构倾斜；提高运营管理水平；建立疾病监测模式（通过与农民合作）；为合格的卫生工作者提供能力提升和培训机会。

鉴于公众对环境、社会和动物福利问题日益关注，自愿标准也越来越重要。这些标准不仅提高了牲畜产品的质量和竞争力，还满足了新的市场需求。然而，在大多数发展中国家中，很大程度上都是出口市场的要求在影响着畜牧业的标准和规定（食品安全标准除外）。

> #### ➲ 插文 21　越南小规模肉牛生产者采用新型实践方法
>
> 　　一直以来，越南日益增长的牛肉需求提高了达克拉克省亚卡县贫困养牛户的生活水平。直到最近，劣质的牛肉质量让这些养牛户难以售出他们的产品。为此，国际农业发展基金（IFAD）开展了饲料采用项目，通过喂食改进后的饲料并提供更好的市场准入机会，解决了这一难题。
>
> 　　措施的关键是在出售前育肥肉牛，给它们补充大量木薯粉、米糠以及其他农场种植作物和作物副产品。该项目与农民和妇女联合会合作，通过交叉访问、实地考察和农户培训提供并推广服务。
>
> 　　该项目在2004年至2010年期间进行了各种市场研究和饲料采用调查。2007年至2010年，生产饲料的家庭作坊从2 407户增加到3 100多户，几乎占养牛家庭总数的1/3。其间，参与项目的工作者和农户生产社数量也显著增加。接受采访的农户表示节省劳动力（放牧改为圈养后）和改善身体状况是他们种植牧草的主要原因。2004年，所有牛几乎一出栏就在当地卖掉了。直到四年后，85％的牛才销售到该地区以外的城市。
>
> 　　资料来源：Stür、Khanh和Duncan，2013；粮农组织，2006。

在制定某一标准或进行某项认证（如有机、地理标志等）时，首先要衡量的是当参与者对增值存在潜在影响时，他们面临的限制有哪些。此外，仅凭认证很少能够保证附加值的增加：要想对标准和认证进行干预还需要其他措施同步实施。例如，在法国，如果是受保护的原产地指定（PDO）牲畜制品，那么农民组织的水平、其对价值链的控制程度，以及与PDO特定标准相关的约束条件，都是出售给农民价格的主要决定因素（Lambert - Derkomba，Casabianca 和 Verrier，2006）。事实表明，即使小规模生产商对认证产品的形象作出了巨大贡献，但如果他们缺乏处理这些问题的能力，市场需求和食品安全要求仍可能让他们被边缘化。因此，设立过渡期十分有必要，在此期间暂停或放宽此类要求，并提供技术援助，帮助小农户改进其做法，从而使其达到要求（联合国粮农组织，2018）。

认证干预应包含以下两方面：

- 设定标准（如提高价值链参与者对动物健康食品安全标准的认识水平；应对和处理牲畜患病的能力）；以及
- 提供服务（如对牲畜登记和追溯系统的测试、认证、审查和支持）。

认证干预还应确保建立的法律框架及其执行适合小规模生产者，确保小规模生产者有足够的权力继续参与今后的标准修改和执行。

表9 有关实操和技术的干预措施示例

干预措施	结果/影响
推广改进后的疫苗以及兽医护理	饲养方式得到改善；过度放牧情况减少；碳封存问题得到改善
支持采用改良的饲料种植方法（如支持农户生产饲料，向小规模生产者出售改良的饲料种子）	捕食导致的死亡率降低；产量增加；养鸡人数增加
支持在社区一级采用放牧管理规划 支持改善房舍条件，采用节省劳力的养鸡技术	提高产品的可追溯性；生产状况记录得以推广
支持使用牲畜识别系统	生产者可以监督生产并调整做法（选择）
支持小规模生产者进行生产状况记录（牛奶产量、增长情况）	牲畜产量提高
支持实施由社区管理的育种项目 支持购置冷却卡车，该类卡车可将冷藏牛奶从生产商处运输至乳制品加工厂	牛奶卫生质量得到改善，减少食物浪费
组织培训、示范、指导、交流和接触访问，提高生产加工、企业管理、市场营销、组织和领导等能力	价值链参与者在技术和商业方面的绩效均有提升
培训协调方开办农民田间学校，开展周期性培训	通过连续进入农民田间学校进行周期性培训，农户提高了各方面能力

5.1.4　金融服务

价值链融资包含以下来源：

- **个人**——生产者自己的储蓄或个人社交圈（家庭和社区）贷款。牲畜自身也是一种储蓄和抵押品：相比在银行储蓄，牲畜的产量（如通过育肥和繁殖）能带来更大回报。
- **社区**——通过非正式和半正式储蓄以及通过信贷团体进行储蓄。这种融资来源普遍见于偏远的农村地区。
- **核心价值链**——由核心价值链参与者通过嵌入式（和其他）服务进行融资。例如，投入品供应商可以为向小规模生产者提供投入品预先信贷。治理结构对内部价值链融资也有重大影响（粮农组织，2010），其中包括大型供应商以投入品形式提供的实物信贷，或主要购买公司和产品买家支付的预付款。这种生产信贷常见于合同农业模式。

> ## ➲ 插文 22　构建牛肉价值链，促进潘塔纳尔生物群落区可持续发展
>
> 巴西的潘塔纳尔地区是世界上最大的湿地。同时，该地区也是巨大的淡水水库，生物多样性极其丰富。当地的主要经济活动为肉牛饲养。为了保护这一独特的地理环境，世界自然基金会（WWF）-巴西分会自 2004 年以来一直致力于开发可持续的牛肉价值链。自巴西在新世纪之交建立监管和认证框架以来，有机生产就成了当地的不二之选。
>
> 该生产链涉及不同参与方，包括巴西有机牛肉养殖协会（ABPO）、巴西农业研究公司（EMBRAPA）等。其中，生物动力研究所进行有机认证（IBD），巴西银行提供信贷。肉类加工厂也被说服，同意为认证的有机牛肉支付溢价。不同的分销参与者以合作伙伴的身份参与其中，目前的分销商为阔云公司，专门从事有机产品的经销。
>
> 该项目涵盖各种倡议，包括能力建设、营销和提高认识水平。现行标准需要符合以下要求：
>
> - 牧场只使用有机肥料。
> - 禁止向盐中添加尿素。
> - 只使用植物性饲料添加剂，这种添加剂使用的原材料有 80％ 来自有机产品。
> - 健康管理应基于顺势疗法和植物疗法。限制使用对抗疗法药物。

- 禁止火烧牧草。
- 强制接种官方疫苗。
- 必须确保牲畜的康乐。
- 养牛户必须遵守劳动就业法以及国家环境法（森林法）。

2005年潘塔纳尔只有16位农户参与有机牛肉项目，而现在该项目已涵盖塞拉多地区、亚马孙地区以及邻近的玻利维亚和巴拉圭。

资料来源：世界自然基金会巴西分会，2015。

表 10　有关标准和认证的关键措施示例

干预措施	结果/影响
推广国家强制采用的可追溯系统或卫生标准	进入出口市场
促进价值链参与者采用自愿标准［（认证、认可、标签等），并重视特定领域的认证（如有机、自由范围、地理标志、受保护的原产地名称（PDO）、iSO 14000 等］	可进入附加值增加的特定细分市场
支持能力建设，测试特定标准的符合性和认证	提高了消费者对产品质量的信任；完善了问责机制
提高农户对标准要求和遵守情况的认识和能力建设	价值链参与者对如何遵守标准及其原因拥有了一定了解

- **支助服务**——储蓄、信贷、牲畜保险和其他由外部机构（如银行、小额信贷机构及正规信贷储蓄团体等）提供的金融工具。

由于疾病、极端天气等风险，投资牲畜部门这一做法通常十分危险；另一方面，牲畜可以作为贷款的抵押品。非正规市场的参与者通常比正规市场的参与者更难获得融资，尤其是难以获得来自支助服务的资金。

项目干预应解决以下问题：

- **融资服务需求**：通过提高小规模生产者和加工者的金融知识和企业管理能力（例如簿记、会计），增加对融资产品和服务的需求。
- **提供融资服务**：提高半正规和正规融资服务和产品的质量和可获得性，包括帮助机构改善管理模式，降低交易成本，并为储蓄量较小的偏远客户建立交付机制。同时还涉及对金融工具的适当开发，包括：
  —— 向商业银行或小额信贷机构提供担保；租赁服务；短期和长期信贷；保险，包括天气指数保险。
  —— 提高商业银行、小额信贷机构和储蓄信贷协会的能力水平，以及通过移动银行或代理银行（降低交易成本）等方式加强与小规模生产商的联系。

— 支持来自私营或国营企业的影响性投资（确保投资产生有益社会或环境的影响以及经济回报，这些影响要求必须可测量）。

能力建设应考虑到当地畜牧业的具体风俗，如有些家庭会进行非生产性投资，购买更多的牛，这样做的目的是提高自己的社会地位，而不是为了把钱放在银行储蓄保值。

例如，在赞比亚的一个养牛项目中，当地牛群规模不断扩大，但没有相应的销售额在增加，这就是因为农户们把饲养牲畜作为保险和社会声望的象征。随后，项目经理建议不改变现有的社会制度；相反，通过让农户单独管理商业牛群来推动牛群数量的增长——"打造出一个两种牛群并行的制度，最终促进商业化管理，增加农户收入，同时也不破坏重要应对机制"（Microlinks，2010）。

⊙ 插文 23 解决乌干达乳制品价值链中存在的财务约束问题

为解决乌干达基索罗区奶农居住偏远的问题，同时加强价值链参与者之间的商业联系，鲁布古里奶农合作社（RUDAFCOS）、储蓄和信贷合作社（SACCO）、维龙加乳品公司（BDI——一家牛奶加工厂）和国家农业咨询服务公司（NAADS——一家推广机构）等四方签署了谅解备忘录（MOU）。

谅解备忘录确定了以下内容：

- 储蓄和信贷合作社提供贷款，金额相当于冷却车（分期偿还）成本的 50%。这辆卡车由维龙加乳品公司提供，届时负责将牛奶运至加工厂。另外的 50% 则由该项目负担。
- 为合作社成员开设个人账户，每 15 天支付一次牛奶款，使成员能够获得小额信贷。
- 农户合作社在乳制品加工厂、信贷机构和生产者之间起到中介作用，负责牛奶付款、信贷偿还和担保等。

资料来源：粮农组织，2013d。

5.1.5 其他支助服务

任何价值链要想挖掘出其真正的市场潜力，都需要有一个充满活力、运转良好、需求驱动的支持市场。正如市场体系分析中强调的，这些市场可以被视为单独的市场体系。除标准（干预领域 3）和融资（干预领域 4）外，其他相关服务包括：

- 直接为牲畜制品增值的**运营服务**——例如，提供投入品（如包装、设备和技术）以及与生产和加工相关的其他服务（如营销、物流和运输）；提供嵌入式服务（如机械制造商安装机器，进行机器使用培训，负责售后维护，提供信贷和贷款）。
- **创新和培训服务**——例如，改进培训项目；扩大推广服务的提供，加强其宣传力度（公共、私营和社区）；培训和技能发展（技术和职业教育和培训）；研究和开发（公共、私营和国际研究机构）。

与任何市场体系一样，干预措施既可以涉及服务的需求方，也可以涉及服务的供给方，还可以完善管理这些市场的支助性职能和规章制度。干预措施的核心在于改善服务供应和获取的渠道，改进服务成本结构，提升服务质量水平。

表 11　有关金融服务的干预措施示例

干预措施	结果/影响
支持信贷机构向小型牲畜业生产者和相关价值链提供贷款	信贷机构的能力得到加强；提高了这些机构对畜牧业的兴趣，也提高了他们提供服务的水平
屠宰场向小规模生产者提供贷款，支持他们购买饲料或幼畜	小规模生产者的投资能力得到提高；保障了屠宰场的供应链
建立信贷机构担保体系（如生产合作社担保）	增强了融资部门对畜牧业的兴趣，也提高了其对畜牧业的服务水平
完善牲畜饲养者资金转移制度	提高了投资能力和反应能力，降低了交易成本
建立保险制度（如天气保险项目）	参与者对外部因素（如干旱、人畜共患病等）的经济复原能力得到增强
通过融资租赁和共同融资、生产商集团融资等工具拉动对特定基础设施的投资建设	拉动了对基础设施的投资
向小规模生产者提供能力建设项目和金融知识培训	正规融资服务需求增加，融资管理模式得到改善

➲ 插文 24　西岱为牲畜业生产者提供私人服务的案例

非洲西岱是一家位于肯尼亚的私营公司，成立于 2011 年，受非洲农场慈善基金会大力支持。该公司拥有多项特许经营权，可提供兽医和牲畜服务（药物、种子、肥料、人工授精、培训、营销等）。

西岱发展迅速，目前已拥有 130 家官方旗舰店和 350 家零售商店。该公司能够到达公共推广服务覆盖不了的偏远地区，并为当地农户提供兽医产品和投入物，这些商品的售价均在农户可接受范围之内。西岱通过特许经营权来掌握品控，它还与供应商签订质量协议，以确保产品质量。

资料来源：www.sidai.com。

支助性职能由公共领域和私营领域的参与者共同提供，因此人们应该在确保公共服务的同时不边缘化私营企业。支助性服务应主要由国营企业提供，包括兽药研究、疫苗开发和测试、相关技术的研发以及牲畜饲料的改进。

表 12　有关其他支助服务的干预措施示例

干预措施	结果/影响
通过设计精良的商业模式吸引人工授精（AI）公司提供人工授精服务	小规模生产者获得了改良后的牲畜品种
培训公共推广服务代理，教授他们新的实操方法、品种和繁殖知识，并提高推广服务的宣传水平	向小规模生产者介绍了新的实操方法，并惠及了更多的小规模生产者
协助建立由推广服务处管理的远程技术资源中心，该中心不仅要提供兽医和授精服务，还要提供有关牲畜市场的培训项目和相关信息	向偏远地区提供了服务；能力得到提高
协助价值链中的私营参与者（屠宰场、乳品业）建立推广服务	偏远地区的支助服务和外展服务的水平得到提高

5.1.6　基础设施

基础设施的可用性、质量和适用性制约着价值链和市场的绩效。这可能是畜牧业部门和价值链存在的普遍现象，也可能是个例，包括：

- 国家基础设施（如进村的路、港口的冷藏设施等）；
- 牲畜投入和生产基础设施（如棚、围栏、放牧带沿线、钻孔、药浴设施、马厩、水井等）；
- 收集和销售基础设施（如地磅、牛奶收集中心、批发销售结构等）；
- 牲畜加工基础设施（如当地屠宰场——也宰杀小型反刍动物——乳制品加工厂等）；
- 运输基础设施（如冷链、卡车、火车等）；以及
- 支助服务基础设施（如牲畜服务中心、兽医实验室、检疫站、兽医检查点等）。

发展伙伴方案没有足够的资金（和或授权）进行大型基础设施工程，如建设支线公路或乳制品加工厂，但它们可以在特定领域建设价值链发展所需的小型基础设施。事实上，虽然主要项目（如通道和冷链设施建设）可能需要数百万美元，但较小的项目（如搭建药浴设施和围栏、打钻孔等）只需几千美元即可。

此外，由于有些基础设施项目的建设超出了协调者和执行者的能力、任务和资源，这类基础设施建设可以选择调动共同投资方和其他供资来源及合作伙伴来共同参与。

公私伙伴关系（PPP）是确保必要基础设施投资、分担成本和风险的重要工具，可以解决公共部门升级基础设施资金有限的问题，对经济增长至关重要。

➲ 插文 25　打造楠格哈尔省（阿富汗）的牛奶收集网

由粮农组织和阿富汗农业部合作，国际农业发展基金（农发基金）资助，"打造楠格哈尔省（阿富汗）的牛奶收集网"项目得以实施，该项目旨在完善贫困农村家庭的牲畜业生产系统。参照已在该国成功推广应用的综合乳制品模式，该项目包含四个重要组成部分：①饲料；②牲畜健康和人工授精（AI）服务；③乳制品综合开发；以及④支持发展牛奶合作社。

该项目的其中一项具体成果为以该省城市消费为目标，打造牛奶收集点和牛奶生产合作网。这就需要充分完善基础设施水平，然而这一部分的费用则占据方案的大部分预算。基础设施和设备升级共需 2 176 674 美元，其中大部分用于建造牛奶冷藏中心（22%）、乳制品加工厂（10%），以及购买牛奶巴氏杀菌机（12%）和牛奶储罐（7%）。

哈提兹乳业联盟（KhDu）是当地顶级企业，由 1 510 位农户参与共同成立。在该项目开展的六年间，哈提兹乳业联盟建立了 18 个牛奶收集点、一个零售网、一家牛奶收集企业和一家可生产多种产品的乳制品加工厂。

该项目实施期间，主要面临的挑战有土地分配中的行政障碍、日益严重的不安全状况以及连接电网的延误行为。

投产一年后，该工厂每天生产大约 3 000 升牛奶。据报道，小农户销售牛奶的年收入增加了两倍：从 100 美元增至 338 美元。该项目还创造了 17 个新的就业机会。在项目结束时，整个系统被改造成可持续运转的系统。

资料来源：粮农组织，2016b。

5.1.7　政策和规定

如果政府没有在政策层面对商业和投资环境进行改善，连锁企业的竞争力不可能有任何提升。对于所涉及的每一项干预措施（干预领域1～6），政府都要制定相应的政策和法规。为支持薄弱或完全缺失的政策部分，项目可以通过多方利益相关平台进行属实的政策宣传和援助，从而推动行业所需的政策改革和体制发展。

以乌干达的养猪业（CGIAR，2014）为例，当地政策并未明确涉及养猪业及其发展（尽管该行业保障了当地粮食安全，促进了农村收入多样化）。乌干达需要制定行业政策框架来刺激养猪业的增长，从而实现肉类生产的产出目标（过去，乌干达的重点都是放在其他生产成本较高的牲畜行业上）。接下来，乌干达将制定一个全面的行业政策，重点针对养猪业生产的特殊性，包括养殖、农场管理、牲畜保健、药品和饲料、生产力，以及牲畜和牲畜制品的出口销售（目前完全没有）。

表13　有关基础设施的干预措施示例

干预措施	结果/影响
与当地社区签订合同，改善当地道路状况	通往市场的道路状况得到改善
支持建立喂食和饮水类基础设施，包括水盆、饲料店、牧场、围栏、兽药店和放牧带沿线的市场，重点关照妇女，她们存在行动不便、体力不足等情况	在移民带沿线或妇女可以到达的地区提供服务
支持在偏远地区搭建正规市场和相关建筑（围栏、马厩等）	小规模生产者得以高价出售牲畜
支持建立冷却和收集中心，使牛奶能够进入城市地区市场	偏远的小规模生产商生产的牛奶可直接销往城市超市，为超市提供源源不断的供应
通过私人投资或公私合作伙伴关系，建立地理位置优越的加工单位（屠宰场、制革厂、乳制品加工厂等）	采用改进的技术和工艺生产新鲜的肉类、皮革和肉制品
评估行业发展所需的基础设施，评估公共和私人投资需求	规划了未来的基础设施投资前景
吸引私人投资发展畜牧业基础设施	未来能够通过协商获得基础设施融资

公私对话（PPD）涵盖特定的价值链或行业和部门。如前所述，在治理部

分（步骤3.3），公私对话可以通过提高能力水平（特别是谈判、游说和宣传能力）来加强小型农户组织的作用。

体制发展还需要加强政策和法规的实施力度，通过权力下放，在牲畜健康、食品和食品安全等问题上赋予区域和地方政府更大的权力。此外，还需要法律框架来确保政策得以正确实施。

政策干预并不仅针对具体行业，还可以涵盖更宽泛的经济政策（如贸易政策、改善公共财政管理、工业化方案、推动出口政策）或行业规定（例如食品和安全规范以及货币金融机构条例）。政府应制定有关环境影响的政策、条例和立法，包括土地利用规划和管理以及与其他土地利用相关的问题。其他涉及领域还应包括土地保有权和租赁的规定、地契的规定和管理普通牧场的条例，特别是跨界放牧的条例。

例如，津巴布韦政府在对养猪业进行审查（Mutambara，2013）后发现了一系列重大监管限制问题，包括进口关税政策、转基因生物（GMO）政策、边境协议和代价高昂的劳工法。总之，为使利益攸关方在倡导建设有利的政策环境时能够铿锵有力、言辞凿凿，政府进行了监管审查，搜集了确凿的证据来证明现行法规阻碍了该行业的发展。

> ### ➲ 插文26　埃塞俄比亚皮革价值链政策
>
> 着眼于出口市场，埃塞俄比亚利用该国在牲畜资源方面的比较优势，优先发展皮革和皮革制品行业（LLPI）。随着行业的发展，该国皮革价值链很快就暴露出了不同环节均存在质量问题。在各大国际机构［包括联合国工业发展组织（UNIDO）和德国技术合作署（GIZ）］的支持下，埃塞俄比亚政府雄心勃勃，启动了全面升级方案。
>
> 皮革和皮革制品行业国家战略分别记载于不同的政策文件中，包括行业发展战略及加速和持续发展并消除贫困规划（PASDEP）。行业发展战略基于若干原则，包括：优先考虑皮革和皮革制品行业和农业之间的联系；促进出口导向型和劳动密集型行业；以及支持公私合作伙伴关系。该规划概述了三个关键领域的政策干预措施：①支持私营企业；②协调和指导不同利益攸关方之间的投资决策；③解决市场失灵问题。
>
> 为了促进皮革和皮革制品行业的发展，独立的联邦政府机构于2004年成立，即皮革工业发展研究所（LIDI），旨在制定政策、加强技术开发和吸引潜在投资者。它还与外国协会建立伙伴关系，如印度中央皮革研究所，重点关注农村地区的中小企业和利益相关者。

具体而言，皮革和皮革制品行业实施的政策包括：
- 通过市场研究和调查向投资者提供信息和支持；
- 通过研究和培训加强行业对人力资本和科学技术的获取能力；
- 协调公私领域（如为企业家走官方程序提供便利等）；
- 促进行业绿色生产，提供环保技术培训和研发；
- 政府提供财政奖励（如免税、双边投资条约等）。

在业绩方面，2004 年至 2012 年间，皮革和皮革制品行业从 4400 万美元增长至 1.1 亿美元。行业政策机构具有重要作用，可以帮助制定有效的行业政策，应对行业发展和结构变革带来的挑战，并促进该行业发展所需的伙伴关系。

资料来源：阿尔滕堡，2010；MBATE，2017。

表 14　有关政策和规定的干预措施示例

干预措施	结果/影响
通过特定的关税、补贴、担保价格和免税措施，协助制定政策，支持牲畜业生产、加工、贸易（国内和国际）和私人投资	支持畜牧业生产和牲畜制品
协助制定法律框架，使私营企业能够自行组织起来	支持立法执法
协助制定政策，以包容的态度促进价值链参与者的组织和协调，使他们能够在区域和国家一级发出自己的声音	小规模生产者和参与者得以联合起来解决关切问题，参与政策制定
通过官方认可和具体的自愿标准，协助制定鼓励增值的法律框架	在既定的自愿标准下，价值链附加值得以增加
协助开发自然资源，促进和支持生态系统服务和与环境管理有关的良好实践，解决农业与环境之间二选一的问题	提高了畜牧业生产的环境可持续性
协助制定有关牧场土地权利、土地保有权和牧场管理的法律框架（法律、法令、条例）	保证了牧民的权利；解决了冲突；改善了牧场管理状况
协助制定生产、加工和分销的标准卫生守则，不设立小规模生产者无法满足的条件	产品卫生质量得到提高和规范
协助制定有关牲畜和牲畜制品跨境运输的协定	促进了牲畜迁徙；推动了国际贸易

交叉问题

如前所述，价值链项目可能存在交叉问题，即需要对各个组成部分进行干预，或者在某些情况下对具体问题进行干预。

例如，可持续地利用土地、水和环境，以及增强气候复原力至关重要，这些方面的措施可以确保生产力和不断扩大的生产规模对环境影响最小或忽略不计（插文15）。

以坦桑尼亚畜牧业发展战略为例（坦桑尼亚联合共和国，2010），该战略支持牧场的可持续发展，包括：对可用牧场进行清点，并就其使用守则达成一致；组织牧场经营者加入生产合作社；建立拥有灌溉系统的牧草种子农场；以干草和青贮饲料形式保存牧草。

在某些情况下，政府应针对冲突和危机局势（美国国际开发署，2008；LEGS，2014；粮农组织，2016c）或就业（Herr 和 Muzira，2009；粮农组织，2014c）等问题制定措施，并与指导方针配合实施。

5.2　实施中的伙伴关系

为设计和实施愿景、战略和行动计划，项目需要与战略（或政治）执行伙伴共同实行（表15）。合作伙伴的参与式方法应不局限于与利益相关者的采掘式或协商式互动，还应让他们**协作开发解决价值链约束条件的方案**。除非合作伙伴宣布对远景及其设计和实施拥有所有权，并为发展计划提供资金，不然战略和发展计划最多写成一份文件。这些伙伴关系事关干预措施的实施、项目规模的扩大和退出机制，因此在项目一开始就要界定清楚。

表 15　合作伙伴的类型

合作伙伴		描　述
1　战略或政治伙伴	国营企业	关键政治伙伴（如农业部、畜牧业部、其他相关政府部门等）提供政治支持，营造有利环境，促进价值链发展
2　核心价值链伙伴	私营企业（主要）	与直接参与畜牧业产品生产的参与者（如生产合作社、主导公司、贸易商等）建立伙伴关系
3　支助性伙伴	国营和私营企业	支持不直接参与生产，但能够提升绩效、提供专业知识的参与者（如研发、金融服务、包装公司）

项目实施是为了促进发展战略（包括建立激励机制，在利益攸关方之间建立联系和信任，确保利益攸关方遵守承诺和持续支持等），与相关参与者合作，因此在所有干预措施中，项目应选取市场导向型方法。这就需要找到以下问题

答案，包括：为什么进行干预？价值链参与者愿意为此支付多少？如果无法负担，可以引入什么机制（信贷、嵌入式服务等）来帮助他们？这些干预措施是否会产生预期的行为改变和影响？项目应招募可以起促进作用的伙伴。

重要的是，在实施干预措施时，从一开始就**明确界定每个参与者的角色，承担的责任和所有权**。每个干预措施（或干预小组）都要确定实施的负责人。

价值链映射、治理和能力分析有助于确定项目实施的关键合作伙伴。项目需要确定对**变革起推动作用**的价值链参与者（生产合作社、行业协会、主导公司等），这些参与者必须：

- 在价值链及其动态中具有影响力；
- 对整条价值链有全局观；
- 对项目真正感兴趣（必须致力于变革）；
- 推动变革的意愿和能力；
- 投资的意愿和能力；以及
- 利用价值链中自己地位的能力。

为确保项目干预措施的有效性和可持续性，**与私营企业建立伙伴关系**和调动私人资本十分重要。核心价值链参与者的决策和投资行为是推动发展战略的动力。私营企业更接近市场，更受利润和市场机会驱动，所以他们能够更好地迎合和适应价值链不断变化的环境和动态，因此效率也更高。

战略合作伙伴将解决所有直接或间接限制项目实施的市场问题。关键是私营企业和国营企业在提供畜牧业服务和支助职能中起到的作用和扮演的协调角色，特别是国营企业（如推广服务、育种计划），他们往往效率低下、运行成本高昂，还无法提供所需的覆盖范围。

公私伙伴关系（PPP）是所有价值链发展战略的核心，以公私合作和公私对话的形式出现，也可以基于更正式的合同安排。所涵盖的领域可能包括畜牧业基础设施发展、研究、技术开发和创新，以及向价值链中的小规模生产者和加工商提供服务和支持。公私伙伴关系可以帮助减少投资限制，提高效率和生产率，扩大覆盖范围（通过市场和销售网络），分担风险和降低交易成本（如组织农户成立生产合作社）。然而，良好的有利环境才能保证契约性的公私伙伴关系（即恰当的公私伙伴关系体制、法律和监管框架）。

公立-私营生产商伙伴关系（PPPP）将生产者带入关系中，有助于拉动私人投资、加强政策对话、提供技术和专业知识，以及利用其他参与者的社会和政治资本来持续扩大积极成果。公立-私营生产商伙伴关系将公共产品、金融工具和合同安排与小规模农户和农业企业结合起来，共同吸引银行、股权投资者、投入品供应商、设备租赁公司和其他价值链供应商进行投资并提供支持（农发基金，2016b）。

步骤6 监测、评价和规模扩大

6.1 监测和评价系统

为了使一个项目能够实现其设想并衡量其成效，需要一个基于成果的监测和评价系统。监测和评价系统在一个项目的不同时期有不同的用途，但应从一开始就设计成包括**明确、合理、因果的影响指标**（和里程碑），以及**基线数据和目标**。

监测和评价系统功能：

- **项目指导**。该系统提供评估项目干预措施（业务监测）和总体战略（战略监测）有效性的信息。它允许项目进行调整，以优化项目影响，并确保价值链发展走上正轨，实现战略愿景。这些信息适用于从外地工作人员（业务）到项目管理（战略）的各级人员。由于市场和有利环境的动态特征，监测可持续地为执行和项目管理提供反馈，监测尤其重要。

- **项目有效性和影响的衡量**。该系统对项目执行的有效性以及指标、目标和发展远景的实现程度进行了定量和定性评估。根据捐助者的要求，在项目间隔、项目中期和项目结束时进行监测。该系统为问责制和学习以及今后的项目设计提供了宝贵的信息。

- **沟通、学习、问责**。大多数价值链发展项目都是用纳税人的钱资助的，因此支出需要透明和负责。监测和评价结果向公众、战略伙伴和捐助者传达了项目的进展情况和总体成效。项目进展也被用于对外交流，以吸引新的合作伙伴，使买主和牵头公司参与进来，并调动资源。

项目监测和评价系统是更大的方案监测和评价系统的一部分。这些准则将监测与中期、定期和（或）项目结束时衡量总体业绩的评价区分开来，前者是对项目业绩的持续分析进行的监测，后者是对项目业绩的中期、定期和（或）

在项目结束时进行的评价。

> **➡ 应由谁参与?**
>
> 　　应设立一个指导委员会,以执行监测和评价进程,与相关参与者合作收集所需数据,并向发展和战略伙伴以及价值链伙伴报告。价值链的监测和评价与方案的管理有关,因此,如果没有纳入方案管理结构,则与方案管理结构密切相关。
>
> 　　根据扩大战略的含义,进程的制度化或规模的增加,机构和政治伙伴以及新的市场参与者(涉及整个延伸价值链的不同参与者)应该参与进来。

6.1.1　确定总体的检测和评价框架

第一步是确定监测和评价的目的和目标受众(内部管理层、发展伙伴、战略伙伴等)。

必须回答以下问题才能**定义监测和评价里程碑**:

- 供资机构和或政治伙伴要求多久提交一次监测和评价报告(每月、每季度、每年)以及采用何种格式?
- 监测结果将如何反馈给项目管理,包括现场层面?
- 根据资金需求和资源,是否预先进行项目结束评价?是否计划进行中期或定期评价?
- 评估将如何进行(内部或外部顾问)?

有待解决的其他问题包括:

- 有哪些监测和评价资源可用?这将界定监测和评价框架将有多详细,数据收集将有多精细和频繁。
- 谁负责项目和单个组件的监测和评估?
- 多久进行一次评估?

6.1.2　因果影响框架

在制定行动计划时,界定了从投入到活动到产出以及中间和最终成果的干预因果影响框架,包括触发支持项目远景的影响所需的行为变化和系统层面的变化。还必须:

- 确定项目目标、组成部分和次级组成部分,以及相应的指标(指标应尽可能可衡量）^①；

- 通过按顺序安排的干预措施、活动和投入（例如专家、讲习班、差旅、建筑材料）实施指标；
- 定义基线（价值链诊断期间收集的数据和信息也可用作基线数据）；确定指标的目标；
- 定义数据来源（插文 5）；
- 定义验证手段（例如项目产出、会议记录、调查、文件等）。

表 16　影响、成果和产出

级别层次	说　明
最终影响	• 减贫（经济、社会和政治方面）
影响	• 增加收入机会 • 增加体面就业机会 • 增加附加值和增长
成果	• 提高竞争力 • 增加的利润、销售、转手买卖 • 增加穷人进入市场（如终端市场、投入市场）和服务（如金融服务）的机会 • 增强可持续性 • 增进社会公平
中期成果	• 由于项目干预措施的专题重点，如减缓气候变化，提高动物生产力，增强气候复原力，改进技术，改进服务，强化扶持性环境，从而提高绩效和生产力
产出的使用	• 价值链行为体的行为改变 — 采取的行动和提供的服务 — 建立联系和自我维持的良性循环 — 政策和其他扶持性环境条件
产出	• 促进和支持价值链项目的产出涉及价值链行为体的能力和激励措施以及有利环境中的条件（例如积极的生产者协会、食品安全准则、提供的市场信息）

---

① 指标应该遵循 SMART 标准，即：具体的（针对某一特定领域或业务职能）；可测量（尽可能量化）；商定（明确谁来做什么）；现实的（考虑到可用的时间和资源，确实可以实现的）；与时间相关的（具体说明何时实现结果）（Broughton and Hampshire，1997）。

实现预期影响的因果途径在很大程度上取决于项目和战略的重点。表16显示了价值链发展中基于成果的框架的各个层次。每个级别都可以分解为中间步骤。

针对小规模牲畜生产者的具体指标最终可能涉及牲畜本身（产奶或生长、繁殖、死亡率等方面的生产力），也涉及农场牲畜生产状况（牲畜收入份额）或第一部分提出的不同问题（图2）（例如整个链条中的牛奶损失，牧场和牧场载畜量的变化）。

附录4提供了与牲畜价值链有关的成果和影响指标实例的非详尽清单。

6.1.3 数据收集

界定监测和评价问题（次级）指标和里程碑，可以确定监测和评价的是什么，因此需要哪些数据。

- 基于因果影响逻辑定义监测和评价问题：
  — 评价问题更为广泛，例如，在一个关于气候抗御力的项目中，干预措施是否成功地解决了社区的需求（相关性）和提高了气候抗御力（成果）？
  — 根据经济合作与发展组织（OECD）的标准，参照项目根据其相关性、效率、效果、成果和可持续性进行评估。
- 监测问题更为具体，例如，财务簿记方面的培训是否增加了处理人员对财务的管理，从而增加了获得贷款的机会（因为处理人员保持财务记录）和提高了效率（由于成本管理）。
- 数据来源：
  — 应根据指标使用定量和定性数据。
  — 应采用二级和一级数据收集方法（插文5）。
  — 数据收集方法应在整个项目中保持一致（从诊断到数据收集），以便在监测进展时使数据具有可比性。
  — 谁负责数据收集（例如，项目工作人员、普查员或外部顾问等）？
  — 应多长时间收集一次数据？在什么阶段收集数据？

6.1.4 报告

以何种形式综合数据和分析，取决于其目的：

- **监测**——向每周的部分会议（短期和战略）报告情况；月度和季度管理会议（战略）；捐助者和战略伙伴季度、半年或年度报告（问责制）；
- **评价**——中期评价、间隔评价（战略和问责制）和（或）最后项目评价（问责制）；

- **交流**——文章、项目手册、概况介绍、介绍、社交媒体和或出版物等。

实地经验教训:

- 无论价值链发展方案是否有效,价值链的绩效总是取决于其操作背景——不仅取决于一般商业环境和经济,而且还取决于气候变化和政治局势等其他因素。因此,监测和评价系统在监测变化和可能对项目进展产生影响时,也应考虑到扶持环境的因素。
- 鉴于价值链办法便利化变革,而这种便利可能发生在子市场系统(如投入或服务市场)中,因此对核心价值链绩效改进的因果影响链更长,因此更难衡量。
- 价值链发展是一个动态过程,发生在不断变化的市场和环境中。因此,监测和评价也应该是一个持续的过程。

6.2 扩大规模

从项目开始就设计了扩展策略,并将其集成到整个项目开发策略中。向上扩展可以包括以下任一项,并且通常是两者的组合:

- **扩大地域**范围。
- **扩大这一进程**的制度化和强化。

并不是所有的价值链发展方案都必须有明确的规模扩大重点;然而,所有方案在选择合作伙伴和战略时都可以纳入规模扩大战略的内容。

扩大规模进程与任何发展战略一样,是由私营部门主导的,尽管公共部门在扶持环境和一些支助职能方面发挥着重要作用。图 20 显示了在干预和创新(技术、商业等)的增长阶段,市场为穷人工作的模式,促进市场系统变化朝着更深更广的方向发展。

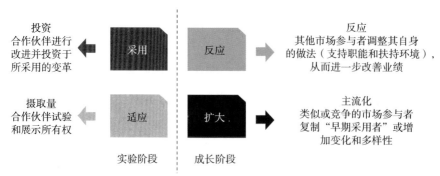

图 20 从采用到适应,并对扩展作出反应的系统性变化

资料来源:Adapted from The Springfield Centre,2015。

项目进行干预，以确保行为和做法的可持续改变（即采用和适应）。为了深化和扩大这些市场系统变化，该项目扩大了伙伴关系和战略，以解决支助职能和扶持环境问题，从而提高了反应能力和可持续性（即扩大和应对）。

规模扩大战略并不是孤立的，而是嵌入到整个项目设计和各种干预措施中。就像任何其他战略一样，该战略需要一个远景（通常集成到整个项目远景中），并需要回答以下问题：

干预是可伸缩的吗？必须从一开始就确立这一点。虽然从一开始就纳入了规模扩大战略，但只有当项目确定价值链参与者已采纳并将行为和做法变化纳入其核心业务，并确定这将改善其业绩和预期成果时，规模扩大活动才应开始。没有影响，就没有必要扩大规模。因此，项目监测应抓住促进扩大进程的驱动因素和有利因素。而且应当铭记，非常复杂的、针对具体情况的干预措施更难扩大规模：

- 干预措施是否足够灵活，能够适用于不同的情况（即不同的市场体系、参与者、农业气候条件等）。
- 其他地方是否有这种干预的需求？
- 这种干预措施，其过程和影响是否已被记录在案，并以可在其他地方复制的方式加以包装整合？

需要确定规模扩大路径，并且必须包含以下要素：

- **选择合作伙伴。**在选择合作伙伴时，考虑外联和影响力是关键因素之一。哪些合作伙伴对价值链或价值链各部分具有影响力，并有潜力与他人联系？这包括核心价值链中的参与者（向外扩展），尽管通常涉及的参与者更多是在支助职能部门或扶持环境（向外扩展）中找到的，以确保企业涌入。它们包括行业协会、较大的投资者、私营企业提供者，及培训机构和政治伙伴。
- **能力建设和研发。**目标是将能力建设纳入培训和研发，以便价值链参与者了解基本原则，从而能够适应不断变化的环境。特别重要的是在受益者和可靠的知识来源之间建立明确的联系和有效的关系，以确保知识和能力建设在整个项目期间持续不断。
- **驱动因素和激励因素。**需要包括领导力在内的驱动因素来推动扩大规模的进程。这与选择合作伙伴有关，在选择合作伙伴时，要选择倡导者（如牵头公司、早期采用者、政治伙伴），并制定激励措施，使价值链的关键参与者致力于扩大规模的议程（如为投入提供者制定商业上可行的商业模式、向小规模农户提供投入）。
- **融资。**无论通过私人投资、公共资金还是公私部门伙伴关系，为活动提供资金都是任何规模扩大战略的关键。这与价值链的整体融资和金融服务的升级有关。

- **中观和宏观一级的体制建设。**建立伙伴关系和机构建设必须有企业协会、研究机构、部委和专门部门等中宏观行动者的参与。与扶持环境相联系，需要建立某些支助部门，以促进扩大规模（例如适当的信贷服务、公共和私人推广服务）。

- **扶持环境。**必须建立有利的扶持环境，以便在其他部门扩大或推广干预措施。这涉及政策框架和促进公共资助和私人投资。

插文 27 提供了布基纳法索推广农业做法的具体实例。

> ### ➡ 插文 27　扩大布基纳法索混合农民的保护性农业规模
>
> 保护性农业是一种在保护环境和当地资源的同时，管理农业生态系统以提高可持续农业生产的方法。它依赖于三个原则：最小的土壤物理干扰、永久的土壤覆盖和按顺序使用的作物种类的多样化。
>
> 粮农组织的项目旨在向布基纳法索的混合农民介绍保护性农业。与畜牧生产有关的做法包括青贮饲料和盐渍池生产，以及将蟹豆种子加工为增值牲畜饲料。
>
> 该项目从一开始就包含了规模扩大战略，并利用与农民田间学校相联系的农民发现基准站点，围绕保护性农业实践进行试验，提高认识和能力建设。
>
> 例如，由于成本效益比为 527%，青贮饲料和盐渍池的做法很快被农民采用，他们发现还可以通过出售多余的饲料获得额外收入。在几个村庄进行了集体培训，以支持促进农民之间传播这些做法。受益农民的人数从最初的 120 人增加到项目结束时的大约 1 000 人。
>
> 资料来源：Kassam et al.，2009。

退　出　战　略

从价值链实施开始，一个项目就应该有一个明确的分阶段退出战略，包括整个干预措施和各个组成部分的分阶段退出战略。这对于干预措施的可持续性以及联合国系统继续应对和适应不断变化的市场、社会和环境条件至关重要。逐步退出战略与项目的可持续性及其规模扩大战略密切相关。插文 28 给出了退出战略的具体例子。

必须指出，一些干预措施受益于长期支助，特别是那些作为政府农业投资计划或发展方案一部分的价值链干预措施。然而，至关重要的是逐步取消这些干预措施，以避免对外部资源和参与者的依赖。

关于伙伴关系需要解决的两个主要问题：

- 谁将在干预期间和干预结束后促进、领导和或执行行动计划所要求的具体作用或职能？需要考虑合作伙伴的能力和激励措施，以确保干预措施继续实行。步骤 5.2 和步骤 6.2 已经讨论过合作伙伴的选择。
- 在干预期间和干预结束后，谁来为活动买单？这需要发展创新型、面向市场的业务模式，并与价值链的金融服务发展相联系。

考虑到这些问题，确定一个或几个龙头可以有效提供发展的动力，并在项目结束后寻求进一步的营销机会、联系和资金支持。

实际上，退出战略的成功只有在项目结束几年后才能得到真正衡量。理想的情况是，监测和评价系统应找到一种方法，记录逐步退出的结果，以纳入关于价值链干预措施的学习进程。

➡ 插文 28 津巴布韦农村农业振兴方案：以不同 伙伴和进程为基础的退出战略

农村农业振兴方案是荷兰发展组织（SNV）于 2009 年实施的一项方案，旨在通过提高中小型农业企业的能力和投资，改善小农家庭的粮食安全和收入。除其他行动外，它还支持发展奶制品、油籽和园艺分部门的价值链。

该方案的退出战略以五个支柱为基础：

- **成熟和稳定的私营公司（承包公司）与农民团体的关系。** 经过几年在公司和小规模生产商之间建立关系和信任之后，这些公司可以永久地将小规模生产商纳入其供应链。

- **公共机构拥有完全能够复制或整合区域农业和农村发展方案的办法和模式，作为其对小农的定期资助的一部分。** 对推广服务和农民协会的培训使这些机构能够在信息供应、培训和提供诸如人工授精等服务方面支持以商业为导向的价值链。

- **具有类似干预措施的发展机构。** 发展伙伴得以继续支持合同农业和扩大规模的干预措施。

- **进一步的 SNV 方案。** 在相关的情况下，寻求与正在进行的 SNV 方案的协同作用。

- **通过该方案得到革新或强化的机构或平台。** 通过区域资源评估，方案得到强化的协会由于向自己的成员提供服务而提高了可持续性。

资料来源：荷兰发展组织，2016。

参考文献
REFERENCES

Adeyinka，I. A. & Bamidele，O. 2015. Introducing the African Chicken Genetic Gains project： a platform for testing，delivering，and continuously improving tropically-adapted chickens for productivity growth in sub-Saharan Africa. Presented at the First ACGG Ethiopia Innovation Platform Meeting，Ibadan，Nigeria，20 - 22 July2015.

Agropolis. 2010. DURAS project： Innovative partnerships for sustainable development. Agropolis International thematic directory，No. 11，48pp.

Alexandratos，N. & Bruinsma，J. 2012. World agriculture towards 2030/2050： the 2012 revision. ESA Working Paper No. 12 - 03. Rome，FAO.

Altenburg，T. 2010. Industrial policy in Ethiopia. Bonn，Germany，DIE.

Arfini，F.，Mancini，M. C. & Donati，M. 2012. Local agri-food systems in a global world： market，social and environmental challenges. Cambridge Scholars Publishing.

AVSF. 2013. Genre et filière porcine： une progressive autonomisation des femmes éleveuses. Lomé，Togo，Agronomes et Vétérinaires Sans Frontières.

Budisatria，I. G. S.，Udo，H. M.，van der Zijpp，A. J.，Baliarti，E. & Murti，T. W. 2008. Religious festivities and marketing of small ruminants in Central Java-Indonesia. Asian Journal of Agri-culture and Development，5 (2)：58.

Broughton，B. & Hampshire，J. 1997. Bridging the gap： a guide to monitoring and evaluating development projects. Canberra，Australian Council for Overseas Aid.

Carron，M.，Alarcon，P.，Karani，M.，Muinde，P.，Akoko，J.，Onono，J. et al. 2017. The broiler meat system in Nairobi，Kenya： using a value chain framework to understand animal and product flows，governance and sanitary risks. Preventive Veterinary Medicine，147：90 - 99.

CGIAR. 2014. Uganda smallholder pigs value chain development： situation analysis and trends （available at https：//cgspace. cgiar. org/bitstream/handle/10568/34090/PR ＿ Uganda Situation Analysis. pdf？ sequence＝9）.

CGIAR. 2016. Small ruminant value chain development in Ethiopia. ICARDA/ILRI （available athttps：//cgspace. cgiar. org/bitstream/handle/10568/75991/LF ＿ ethiopia ＿ poster ＿ jun2016. pdf？ sequence＝1&isAllowed＝y）.

CIRAD & FAO. 2012. Système d'information sur le pastoralisme au Sahel. Atlas des évolutions des systèmes pastoraux au Sahel 1970 - 2012. Rome，FAO （available at http：//

www. fao. org/ docrep/017/i2601f/i2601f. pdf）.

DeBruyn，P.，DeBruyn，J. N.，Vink，N. &Kirsten，J. F. 2001. How transaction costs influence cattle marketing decisions in the northern communal areas of Namibia. Agrekon，40（3）：405－425.

Dillman，A. & Ijumba，M. 2011. Dairy value chain. United Republic of Tanzania，SCF.

EAFF. 2012. EasternAfricalivestockstrategy. EAFF（availableathttp：//www. celep. info/wp-content/ uploads/2013/03/EAFFLIVESTOCKSTRATEGY-final. doc）.

FAO. 1998. Food quality and safety systems-A training manual on food hygiene and the Hazard Analysis and Critical Control Point（HACCP）system. Rome，FAO（available at http：//www. fao. org/docrep/W8088E/W8088E00. htm）.

FAO. 2006. Farmer Field School（FFS）manual. Rome，FAO（available at http：//www. fao. org/3/ a-ap094e. pdf）.

FAO. 2007. Global Plan of Action for Animal Genetic Resources. Rome，FAO（available at http：//www. fao. org/3/a-a1404e. pdf）.

FAO. 2010. Agricultural value chain finance，tools and lessons. Rome，FAO（available at http：//www. fao. org/3/i0846e/i0846e. pdf）.

FAO. 2011a. A value chain approach to animal diseases risk management-Technical foundations and practical framework for field application. Animal Production and Health Guidelines，No. 4. Rome，FAO（available at http：//www. fao. org/3/a-i2198e. pdf）.

FAO. 2011b. Global food losses and food waste-Extent，causes and prevention. Rome，FAO（available at http：//www. fao. org/3/a-i2697e. pdf）.

FAO. 2011c. The State of Food and Agriculture（SOFA）2010－2011-Women in agriculture：closing the gender gap for development. Rome，FAO（available at http：//www. fao. org/ docrep/013/i2050e/i2050e00. htm）.

FAO. 2012a. Roles of small-scale livestock keepers in the conservation and sustainable use of animal genetic resources. Intergovernmental Technical Working Group on Animal Genetic Resources for Food and Agriculture. Rome，FAO（available at http：//www. fao. org/3/ mg045e/ mg045e. pdf）.

FAO. 2012b. Livestock sector development for poverty reduction：an economic and policy per-spective-Livestock's many virtues，161 pp. Otte，J.，Costales，A.，Dijkman，J.，Pica-Ciamarra，U.，Robinson，T.，Ahuja V.，Ly，C. & Roland-Holst，D. Rome，FAO（available at www. fao. org/ docrep/015/i2744e/i2744e00. pdf）.

FAO. 2013a. Roles of small-scale livestock keepers in the conservation and sustainable use of animal genetic resources. CGRFA/WG-AnGR-7/12/5. Rome，FAO（available athttp：//www. fao. org/3/mg045e/mg045e. pdf）.

FAO. 2013b. Food loss and waste in Turkey-Country report. Rome，FAO（available at http：// www. fao. org/3/a-au824e. pdf）.

FAO. 2013c. Governing land for women and men. Governance of Tenure Technical Guide 1.

Rome，FAO (available at http：//www. fao. org/3/a-i3114e. pdf).

FAO. 2013d. The food security through commercialization of agriculture programme in the Great Lakes region. Rome，FAO (available at http：//www. fao. org/3/a-i3425e. pdf).

FAO. 2014a. Developing sustainable food value chains-Guiding principles. Rome，FAO (available at http：//www. fao. org/3/a-i3953e. pdf) .

FAO. 2014b. Ecosystem services provided by livestock species and breeds，with specialconsideration to the contributions of small-scale livestock keepers and pastoralist-2014. FAO Commission on Genetic Resources for Food and Agriculture Assessments. Rome，FAO (available at http：//www. fao. org/3/a-at136e. pdf).

FAO. 2014c. Decent rural employment toolbox：applied definition of decent rural employment.
Rome，FAO (available at http：//www. fao. org/3/a-av092e. pdf).

FAO. 2016a. Improving governance of pastoral lands. Governance of Tenure Technical Guide 6.
Rome，FAO (available at http：//www. fao. org/3/a-i5771e. pdf).

FAO. 2016b. Development of integrated dairy schemes in Nangarhar province. Project findings and recommendations. Rome，FAO.

FAO. 2016c. The importance of livestock for resilience-building and food security of crisis-affected populations. Rome，FAO (available at http：//www. fao. org/3/a-i6637e. pdf).

FAO. 2017a. The future of food and agriculture-Trends and challenges. Rome，FAO (available at http：//www. fao. org/3/a-i6583e. pdf).

FAO. 2017b. Family Farming Knowledge Platform：smallholders dataportrait. Rome，FAO (available at http：//www. fao. org/policy-support/resources/resources-details/en/c/422253/).

FAO. 2017c. Climate-smart agriculture sourcebook. Second edition. Rome，FAO (available at http：//www. fao. org/climate-smart-agriculture-sourcebook/en/).

FAO. 2018. Strengthening sustainable food systems through geographical indications. FAO Investment Centre. Rome，FAO (available at http：//www. fao. org/3/a-i8737en. pdf).

FAO/Köhler-Rollefson. 2012. Invisible guardians. Women manage livestock diversity. Rome，FAO.

Faye，B.，Madani，H. & El-Rouili，S. A. 2014. Camel milk value chain in Northern Saudi Arabia. Emirates Journal of Food and Agriculture，26 (4)：359 – 365.

FiBL/IFOAM. 2018. The world of organic agriculture 2018. Rome，FAO (available at http：//www. organic-world. net/yearbook/yearbook-2018. html).

Fitawek，W. B. 2016. The effect of export tax on the competitiveness of Ethiopia's leather industry. University of Pretoria. (PhD dissertation).

Gandini，G. C. & Villa，E. 2003. Analysis of the cultural value of local livestock breeds：a methodology. Journal of Animal Breeding and Genetics，120 (1)：1 – 11.

Gerber，P. J.，Steinfeld，H.，Henderson，B.，Mottet，A.，Opio，C.，Dijkman，J.，Falcucci，A. & Tempio，G. 2013. Tackling climate change through livestock-A global assessment of emis-sions and mitigation opportunities. Rome，FAO.

Gereffi，G.，Humphrey，J. & Sturgeon，T. 2005. The governance of global value chains. Review of international political economy，12（1）：78 - 104.

GIZ. 2016. ValueLinks Manual-The methodology of value chain promotion（available at http：// www2. giz. de/wbf/4tDx9kw63gma/ValueLinks _ Manual. pdf）.

Guyomard，H.，Manceron，S. & Peyraud，J. L. 2013. Trade in feed grains，animals，and animal products：Current trends，future prospects，and main issues. Animal Frontiers，3 （1）：14 - 18.

Heifer International Cambodia. 2013. Backyard chicken value chain study. Cambodia，Heifer International.

Henriksen，J. 2009. Milk for health and wealth. Diversification Booklet No. 6. Rome，FAO.

Herold，P.，Roessler，R.，William，A.，Momm，H. & Valle Zarate，A. 2010. Breeding and supply chainsystem sincorporating localpig breeds forsmall-scalepig producersin Northwest Vietnam. Livestock Science，129：63 - 72.

Herr，M. & Muzira，T. 2009. Value chain development for decent work：a guide for private sector initiatives，governments and development organizations. Geneva，International Labour Office.

Hocquette，J. F.，Richardson，R. I.，Prache，S.，Medale，F.，Duffy，G. & Scollan，N. D. 2005. The future trends for research on quality and safety of animal products. Italian Journal of Animal Science，4：sup3，49 - 72. doi：10. 4081/ijas. 2005. 3s. 49.

Houedassou，Y. 2013. Governance and self-management of cattle markets in Benin. In IIRR & CTA. Moving herds，moving markets：making markets work for African pastoralists. Nairobi，International Institute of Rural Reconstruction，and Wageningen，the Netherlands，Technical Centre for Agricultural and Rural Cooperation.

IFAD. 2016a. How to do livestock value chain analysis and project development. Rome，IFAD （available at https：//www. ifad. org/documents/38714170/40262483/Livestock＋value＋ chain＋analysis＋and＋project＋development. pdf）.

IFAD. 2016b. How to do public-private-producer partnerships（4Ps）in agricultural value chains. Rome，IFAD（available at https：//www. ifad. org/documents/10180/998af683- 200b-4f34-a5cd-fd7ffb999133）.

ITC. 2017. International trade in goods-Exports 2001 - 2017. （available at http：//www. intracen. org/itc/market-info-tools/statistics-export-product-country/）.

Kadigi，R. M.，Kadigi，I. L.，Laswai，G. H. & Kashaigili，J. J. 2013. Valuechaino findi genouscat-tle and beef products in Mwanza region，Tanzania：market access，linkages and opportunities for upgrading. Academia Journal of Agricultural Research，1（8）：145 -155.

Kaplinsky，R. & Morris，M. 2001. A handbook for value chain research. Ottawa，IDRC.

Kassam，A.，Kueneman，E.，Kebe，B.，Ouedraogo，S. & Youdeowei，A. 2009. Enhancing crop-livestock systems in conservation agriculture for sustainable production intensification：

a farmer discovery process going to scale in Burkina Faso (Integrated Crop Management Vol. 7). Rome, FAO.

Kitaw, G. , Ayalew, L. , Feyisa, F. , Kebede, G. , Getachew, L. , Duncan, A. & Thorpe, W. 2012. Liquid milk and feed value chain analysis in Wolmera District, Ethiopia. Australian Center for International Agricultural Research.

Khaleda, S. & Murayama, Y. 2013. Geographic concentration and development potential of poultry microenterprises and value chain: a study based on suitable sites in Gazipur, Bangladesh. Social Sciences, 2 (3): 147 - 167.

Lambert-Derkimba, A. , Casabianca, F. & Verrier, E. 2006. L'inscription du type génétique dans les règlements techniques des produits animaux sous AOC: conséquences pour lesraces animales. INRA Productions animales, 19 (5): 357 - 370.

LEGS. 2014. Livestock Emergency Guidelines and Standards. Second edition. Rugby.

LPP, LIFE Network, IUCN-WISP & FAO. 2010. Adding value to livestock diversity-Marketing to promote local breeds and improve livelihoods. FAO Animal Production and Health Paper. No. 168. Rome.

M4P. 2008. Making value chains work better for the poor: A toolbook for practitioners ofvalue chain analysis, Version 3. Making Markets Work Better for the Poor (M4P) Project, UK Department for International Development (DFID) . Phnom Penh, Agricultural Development International.

Magnani, S. D. , Ancey, V. & Hubert, B. 2019. 'Dis (ordered) intensification?' techno-political models, resource access and pastoralist/agribusiness relations in the middle valley of Senegal river. Nomadic People, 23: 5 - 27.

Markelova, H. , Meinzen-Dick, R. , Hellin, J. & Dohrn, S. 2009. Collectiveaction forsmallhold-er market access. Food policy, 34 (1): 1 - 7.

Mbate, M. 2017. Structural change and industrial policy: a case study of Ethiopia's leather sector. Journal of African Trade, 3 (1 - 2): 85 - 100. http: //dx. doi. org/10. 1016/ j. joat. 2017. 01. 001.

McDermott, J. J. , Staal, S. J. , Freeman, H. A. , Herrero, M. & Vande Steeg, J. A. 2010. Sustain-ing intensification of smallholder livestock systems in the tropics, Livestock Science, 130 (1 - 3): 95 - 109. doi: 10. 1016/j. livsci. 2010. 02. 014.

McMorran, R. , Santini, F. , Guri, F. , Gomez-y-Paloma, S. , Price, M. , Beucherie, O. et al. 2015. A mountain food label for Europe? The role of food labelling and certification in deliv-ering sustainable development in European mountain regions. Journal of Alpine Research Revue de géographie alpine, 103 - 104.

Microlinks. 2010. The impacts of social norms on value chain performance. (available at https: // www. marketlinks. org/sites/marketlinks. org/files/resource/files/BEE _ Transcript _ 0. pdf).

Mutambara, J. 2013. A preliminary review of regulatory constraints affecting pig industry in Zimbabwe. Livestock Research for Rural Development, 25 (3): 205 - 208.

Ndoro，J. T. 2015. Cattle production，commercialization and marketing in smallholder farming systems of south africa：impacts and implications of livestock extension and market transaction costs. University of KwaZulu-Natal，Pietermaritzburg. （PhD dissertation）.

Nuweli，N.，Diaw，A.，Kwadzokpo，F. & Elbehri，A. 2013. The role of the private sector and the engagement of smallholder farmers in food value chains：initiatives and successful cases from Nigeria，Senegal，and Ghana. In A. Elbehri，ed. Rebuilding West Africa's food potential. Rome，FAO/IFAD.

Okello，J. J.，Gitonga，Z.，Mutune，J.，Okello，R. M.，Afande，M. & Rich，K. M. 2010. Value chain analysis of the Kenyan poultry industry：the case of Kiambu，Kilifi，Vihiga，and Nakuru Districts. HPAI Working Paper 24. Washington，DC.

Rich，K. M.，Baker，D.，Negassa，A. & Ross，R. B. 2009. Concepts，applications，and extensions of value chain analysis to livestock systems in developing countries. In Contributed paper pre-pared for presentation at the International Association of Agricultural Economics Conference，Beijing，China.

Robinson，T. P.，Thornton P. K.，Franceschini，G.，Kruska，R. L.，Chiozza，F.，Notenbaert，A.，Cecchi，G.，Herrero，M.，Epprecht，M.，Fritz，S.，You，L.，Conchedda，G. & See，L. 2011. Global livestock production systems. Rome，FAO and ILRI. 152 pp.

Schneemann，J. & Vredeveld，T. 2015. Guidelinesforvaluechainselection：integratingeconomic，environmental，social and institutional criteria. GIZ （available at https：//www. ilo. org/wcmsp5/ groups/public/—ed _ emp/—emp _ ent/documents/instructional material/ wcms _ 416392. pdf）.

Sidali，K. L.，Kastenholz，E. & Bianchi，R. 2015. Food tourism，niche markets and products in rural tourism：combining the intimacy model and the experience economy as a rural develop-ment strategy. Journal of Sustainable Tourism，23（8 - 9）：1179 - 1197.

SNV. 2016. The RARP story：smallholder integration and agency in viable markets and market systems. SNV Netherlands Development Organization.

Springer-Heinze，A. 2018. ValueLinks 2. 0. Manual on sustainable value chain development. GIZ Eschborn，2 volumes.

Staal，S. J.，Nin Pratt，A. & Jabbar，M. A. 2008. Dairy development for the resource poor. Part 2：KenyaandEthiopia. Dairydevelopmentcasestudies. PPLPIWorkingPaperNo. 44 - 2. Rome，FAO.

Strasser，J.，Dannenberg，P. & Kulke，E. 2013. Temporary resource availability and quality constraints in the global leather value chain-The impact of the festival of sacrifice on the leather industry in Bangladesh. Applied Geography，45：410 - 419.

Stür，W.，Khanh，T. T. & Duncan，A. 2013. Trans for mationo fsmall holder beef cattle production in Vietnam. International Journal of Agricultural Sustainability，11（4）：363 - 381.

The Spring field Centre. 2015. The operation alguide for the making markets work for the poor (M4P) approach. 2nd edition fundedby SDC&DFID (availableatwww. enterprise-development. org/wp-content/uploads/m4pguide2015. pdf).

The United Republic of Tanzania. 2010. Livestock sector development strategy (available at https: //tanzania. go. tz/egov _ uploads/documents/development _ strategy- _ Livestock _ sw. pdf) .

Thornton, P. K. , Herrero, M. , Freeman, H. A. , Okeyo, A. M. , Rege, E. , Jones, P. G. & McDermott, J. 2007. Vulnerability, climate change and livestock-opportunities and challenges. for the poor. Journal of Semi-Arid Tropical Agricultural Research, 4 (1).

Thornton, P. K. 2010. Livestock production: recent trends, future prospects. Philosophical Transactions of the Royal Society B: Biological Sciences, 365 (1554): 2853 – 2867.

Traoré, S. A. , Reiber, C. &Zárate, A. V. 2018. Produc tiveand economic perfor manceo fen demic N'Dama cattle in southern Mali compared to Fulani Zebu and their crossbreds. Livestock Science, 209: 77 – 85.

USAID. 2008. A synthesis of practical lessons from value chain projects in conflict-affected environments. Washington, DC.

Vermeulen, S. J. , Grainger-Jones, E. & Yao, X. 2014. Climate change, food security and small-scale producers. CCAFS Info Brief, CGAIR Research Programme on Climate Change, Agriculture and Food Security (CCAFS), Copenhagen.

Webber, C. M. & Labaste P. 2010. Building competitiveness in Africa's agriculture: a guide to value chain concepts and applications. Washington, DC, World Bank.

World Bank. 2014. Business and livelihood in African Livestock. Washington, DC, WorldBank.

WWF Brazil. 2015. Tenyears of sustainable beef production in the Pantanal (2004 – 2014).

附　　录

附录1 牲畜价值链中参与者的非详尽清单

阶段	参与者	判别因子
投入供应	• 兽药供应商 • 育种公司 • 饲料供应商	
生产	• 生产商 • 种畜供应商 • 幼畜生产者 • 肥育剂/修整机 • 混血/牧民	• 所有者/非所有者 • 性别与性别平等 • 郊区/农村 • ……
交易	• 小型交易商 • 批发商 • 活畜运输商/贸易商 • 收集器	
加工	• 牛奶冷却中心 • 乳品加工机 • 屠宰场	• 大/小 • ……
零售	• 屠夫 • 超级市场 • 餐厅 • 市场 • 公共部门（学校、医院等） • 出口商/进口商	• 城市/农村 • ……
消费	• 消费者	• 贫困/富有 • 城市/农村 • ……

（续）

阶段	参与者	判别因子
私人服务	• 私人扩展服务 • 行业协会 • 兽医 • 管制员（兽医、食品安全等） • 财务提供者 • 认证机构	
政府/公共服务	• 公共拓展服务 • 收税员 • 管制和安全标准服务 • 地方管理机构 • 研究	

附录2　价值链进一步分析及 开发的精选工具清单

一般价值链工具

FAO——可持续价值链工具——指导原则

http：//www. fao. org/3/a-i4012e. pdf

FAO——在农业食品链中促进业务伙伴关系的方法工具包

http：//www. fao. org/docrep/015/i2416e/i2416e00. pdf

IFAD——IFAD 价值链工具

https：//www. ifad. org/en/web/knowledge/publication/asset/39402559

GIZ ——ValueLinks 手册——价值链推广的方法

http：//star-www. giz. de/dokumente/bib/07-0674. pdf

GIZ ——价值链选择的指导方针

https：//www. ilo. org/wcmsp5/groups/public/---ed _ emp/---emp _ ent/ documents/ instructionalmaterial/wcms _ 416392. pdf

ILO——体面劳动的价值链发展——如何在目标部门增加就业和改善工作 条件

http：//www. ilo. org/wcmsp5/groups/public/---ed _ emp/---emp _ ent/ ---ifp _ seed/documents/ instructionalmaterial/wcms _ 434363. pdf

ILO——价值链选择指南——整合经济、环境、社会和制度标准

http：//www. ilo. org/wcmsp5/groups/public/---ed _ emp/---emp _ ent/ documents/ instructionalmaterial/wcms _ 416392. pdf

ILO——本地价值链发展的操作指南

http：//www. ilo. org/wcmsp5/groups/public/---ed _ emp/documents/publication/wcms _ 165367. pdf

国际贸易中心——在线市场分析工具（贸易地图、市场准入地图…）
http：//legacy. intracen. org/marketanalysis/default. aspx

USAID——价值链发展 Wiki
https：//www. microlinks. org/good-practice-center/value-chain-wiki

ACIAR——使价值链更好地为穷人服务：价值链分析从业人员的工具手册
https：//www. aciar. gov. au/node/10751

CIAT-LINK 方法：联系小农户与市场的商业模式的参与性指南
http：//www. value-chains. org/dyn/bds/docs/838/LINK _ Methodology. pdf

ARD 农业和农村发展投资的社会和环境可持续性：监测和评估工具包
http：//siteresources. worldbank. org/INTARD/Resources/ESmetoolkit. pdf

营养
营养价值链
http：//cdm15738. contentdm. oclc. org/utils/getfile/collection/p15738coll2/id/124837/ filename/124838. pdf

多领域方法提高营养
http：//documents. worldbank. org/curated/en/625661468329649726/pdf/75102-REVISED-PUBLIC-MultisectoralApproachestoNutrition. pdf

用于响应分析的市场分析和决策树工具：现金、本地购货和或进口粮食援助？
http：//www. cashlearning. org/downloads/resources/tools/mifira-decision-tree-tool. pdf

食品安全和质量
食品安全分析——国家食品安全当局指南
http：//www. fao. org/3/a-a0822e. pdf

良好饲养管理规范——确保动物生产食品安全

http：//www. oie. int/fileadmin/Home/eng/Current _ Scientific _ Issues/ docs/pdf/eng _ guide. pdf

粮食损失和浪费
工具包：减少食物浪费足迹
http：//www. fao. org/docrep/018/i3342e/i3342e. pdf

性别及青年工具
发展性别敏感型价值链、指导框架
http：//www. fao. org/3/a-i6462e. pdf

乳制品价值链的性别评估：来自埃塞俄比亚的证据
http：//www. fao. org/3/a-i6695e. pdf

审核性别和价值链分析、发展和评估工具包
https：//cgspace. cgiar. org/bitstream/handle/10568/35656/Ilri _ manual _ 10. pdf? sequence＝1

价值链中的性别——将性别观点纳入农业价值链发展的实用工具包
http：//agriprofocus. com/upload/ToolkitENGender _ in _ Value _ Chains Jan2014compressed1415203230. pdf

在不同情况下最大限度地发挥青年创业支持的影响——背景报告、框架和咨询工具
http：//www. odi. org/sites/odi. org. uk/files/odi-assets/publications-opinion-files/7728. pdf

解决农业中的有害童工问题：政策和实践指南——用户指南
http：//www. ilo. org/ipecinfo/product/download. do；jsessionid ＝ d624 188be882ee72d2cca9c 29812861233fe7db2b55ad703daca56cc6e957388. e3aTbhu LbNmSe34MchaRahaKbhv0? type＝document&id＝2799

监测与评估
用于结果测量的 DCED 标准
http：//www. enterprise-development. org/measuring-results-the-dced-standard/

政策

FAO：政策制定的价值链分析：定量方法的方法论准则和国家案例

http：//www.fao.org/3/a-at511e.pdf

可持续性和环境

LEAP（畜牧环境评估和绩效）技术指南文件——了解牲畜供应链的环境绩效

http：//www.fao.org/partnerships/leap/publications/en/

IFAD 的做法：价值链项目中的气候变化风险评估

https：//www.ifad.org/documents/10180/30b467a1-d00d-49af-b36b-be2b075c85d2

农业和农村发展投资的社会和环境可持续性：监测和评估工具包

http：//siteresources.worldbank.org/INTARD/Resources/ESmetoolkit.pdf

PAS 2050 指南——如何评估商品和服务的碳足迹

http：//aggie-horticulture.tamu.edu/faculty/hall/publications/PAS2050 _ Guide.pdf

反刍动物供应链温室气体排放：全球生命周期评估

http：//www.fao.org/docrep/018/i3461e/i3461e.pdf

猪、鸡供应链温室气体排放：全球生命周期评估

http：//www.fao.org/docrep/018/i3460e/i3460e.pdf

畜牧业特殊工具

综合多功能动物记录系统发展

http：//www.fao.org/3/a-i5702e.pdf

动物基因资源表型特征

http：//www.fao.org/docrep/015/i2686e/i2686e00.pdf

饲料行业操作规范——实施国际食品法典动物饲养操作规范

http：//www.fao.org/docrep/012/i1379e/i1379e.pdf

提升动物营销的 11 种策略

http：//www.fao.org/3/CA3409EN/ca3409en.pdf

畜牧业商品工具

牛奶冷却中心技术与投资指南

http：//www.fao.org/3/a-i5791e.pdf

小规模家禽生产：技术指南

http：//www.fao.org/3/a-y5169e.pdf

家禽业发展决策工具

http：//www.fao.org/3/a-i3542e.pdf

乳业生产规范指南

http：//www.fao.org/docrep/014/ba0027e/ba0027e00.pdf

肉制品行业经营规范

http：//www.fao.org/3/a-y5454e.pdf

山羊价值链工具箱：山羊分部门价值链分析指南

http：//www.iga-goatworld.com/uploads/6/1/6/2/6162024/scaling-up _ successful _ practices-part05.pdf

动物健康与动物源性疾病

动物源性疾病风险管理价值链方法——技术基石与实践框架场景应用

http：//www.fao.org/docrep/014/i2198e/i2198e00.pdf

设计和实施畜牧业价值链研究——高致病性和新发疾病（HPED）控制实际援助

http：//www.fao.org/docrep/015/i2583e/i2583e00.pdf

畜牧业

改善牧场治理

http：//www.fao.org/3/a-i5771e.pdf

《畜群迁徙、市场流动：让市场服务于非洲牧民》

https：//cgspace.cgiar.org/handle/10568/76901

PPPPs

国际农业发展基金如何做：农业价值链中的政府-民间-生产者合作关系

https：//www.ifad.org/documents/10180/998af683-200b-4f34-a5cd-fd7ffb999133

价值链门户网站和实例

可持续食品价值链知识平台

http：//www. fao. org/sustainable-food-value-chains/home/en/

价值链知识交流中心

http：//tools4valuechains. org/

附录 3 价值链绘制和分析主要问题

（分）部门和商品 ［（分）部门特征和价值链选择］

- 畜牧业分部门［牛、羊、猪、禽（鸡、鸭）、骆驼、水牛等］的重中之重；重点部门的主要商品（肉、奶、蛋、羊毛、皮革）；
- 考虑家畜的其他角色和功能（蓄力、资本资产、动物肥料、地位等）以及权衡取舍；
- 市场数据和趋势，包括国内和国际当前需求以及预期需求、消费者偏好以及市场需求；
- （分）部门在数量、产量、就业、营养以及对 GDP 的贡献率方面的经济相关性，以及其他社会经济因素和趋势；以及
- 对该行业的全面了解（政策、行为者、利益相关者、生产阶段以及生产体系等）。

终端市场（价值链选择和终端市场分析）

市场描述
- 当前本土、国内、出口市场商品需求；未来 10 年增长预测；
- 终端市场主要消费者；市场定位（例如，城市高端消费者市场、农村本地市场）；市场渠道（例如，出口市场、区域市场、批发市场）
- 消费习惯和偏好；其他趋势和动态变化（例如，品牌策略、营销政策）；
- 发展利基市场和高端市场（例如，有机走地鸡、城市包装肉制品）；以及
- 相关（区域、国际）贸易协议和其他影响市场和市场准入的因素。

增长与竞争力
- 每一市场部门内部的增长机会；
- 主要市场参与者（包括竞争者和潜在替代者）；
- 现有和潜在竞争者（例如，进口、其他供应链）；

- 市场中关键成功因素（如质量上佳、接近市场、声誉远扬、市场驱动力和要求）；以及
- 生产者和加工者在进入市场时面临的主要制约因素。

经济因素分析与竞争力

- 价值链上从生产到分销环节涉及的主要成本——劳动力、投入、运输、交易；
- 收获前和收获后损失；
- 供应链各环节的价格和交易量；
- 各终端市场的消费价格；
- 价格的季节性和年度波动；供应的季节性变化；以及
- 质量规范和认证要求。

生产

核心价值链

产品特性

- 牲畜生产系统和条件［如单独的牲畜生产（无土地或草地系统）或混合农业（旱作或灌溉）］[①] 和带有生产区域的地图；
- 生产规模（如土地面积、牲畜饲养量等）；每个农业系统的总产量；生产的季节性；
- 牲畜提供的其他服务［粪肥、劳动力、抵押品、生态系统服务、其他产品（皮革、牛奶和肉类）］；
- 主要生产者——小农户、牧民和中/大型农场——及其数量；
- 小规模生产者的特点——社会经济条件、粮食安全；
- 小规模生产者（育种者、育肥者）角色的最终专业化；
- 其他收入来源（其他作物、农场内外就业）；以及
- 生产中不同性别所任角色不同，责任不同。

治理、动机和能力

- 将农民组织成合作社或生产组织；社区领导人和社区其他相关参与者的作用；
- 牲畜饲养者在市场上的动机和行为；小农户如何进入市场并进行销售——现货市场、合同和协议；
- 面对风险的态度和应对机制；食物消费偏好；获得土地、劳动力、资本、信息、支助系统等的机会；

---

① http://www.fao.org/docrep/v8180t/v8180t0y.htm.

- 可供小型生产者使用的能力和资源——金融、教育、自然资源（土地、水等），包括储存能力；以及
- 小规模生产者进入价值链所面临的障碍，以及如何克服这些障碍。

生产与技术

- 生产实践；
- 生产中使用的技术和创新水平；
- 牲畜生产者面临的主要挑战（如获得优质投入、合适的优质品种、动物健康、缺乏市场准入和市场信息、气候变化影响）；以及
- 因性别差异产生的制约因素，包括获得生产投入和资源的机会。

经济和金融分析

- 牲畜生产所需的消费、维持（储存）和出售成本；
- 生产和定价的成本结构；不同市场渠道和定价；
- 产量和产出价值——按生产者群体（即混合的小型生产者、牧民、中型/大型农场）汇总；
- 每单位活动的平均产量（特定年龄的体重、年产蛋量或产奶量等）；小规模生产者的平均生产力；
- 收入和毛利率；主要成本和盈利因素；
- 生产过程中的损失；
- 牲畜活动劳动力的量化——家庭成员或雇佣工人；以及
- 非农业收入和支出来源。

支助功能和有利环境

- 社区协会和生产者团体在畜牧生产中的作用；生产者协会和最高机构的存在、作用和能力；这些机构向农民提供的服务和帮助；获得的帮助；合作伙伴具有的能力；
- 在社区和地方一级提供的其他服务，包括投入、生产、培训、市场信息、营销；所提供服务的价格和性质；
- 卫生和植物卫生标准和条例以及服务（包括金融服务）；
- 气候条件和气候变化带来的影响；环境对生产产生的其他影响；
- 可用和需要的基础设施；以及
- 促进生产的相关政策和战略（如集体行动、能力建设等）。

输入

核心价值链
投入资源的特性

- 主要的供应品（合适的品种、饲料、兽药、人工授精等）；

- 供应商的类型和性质——私营企业或国营企业；供应商的位置和距离；
- 农民获得供应品的机会——直接获取、通过中介、通过政府和推广人员、通过合作社；
- 供应资源的可靠性，以及与动物生产同步的预期增长；
- 购买投入资源时所权衡的因素；以及
- 生产者在获取投入资源时面临的主要制约因素。

治理、动机和能力

- 投入品供应商提供的嵌入式服务（即投入资源的使用、成本效益、投入资源的选择等）；
- 提供支付便利——信贷等；以及
- 提供适合小型生产商的标签和包装。

经济和金融分析

- 投入品供应商的数量；
- 投入资源的数量和价值；
- 每个产出单位所需的投入资源数量（动物饲料、兽药等）；
- 国营企业和私人企业投入资源的价格和或范围；
- 投入资源的成本结构；不同的市场渠道和定价；以及
- 收入和毛利率；主要成本和盈利因素。

支助功能和有利环境

- 国有项目向投入品供应商提供的推广服务和帮助以及小规模生产者的准入；
- 大量私营企业提供服务；
- 为适当的投入品供应商提供金融和信贷便利；
- 其他可用服务（国有或私人），包括研究和开发设施，特别是在动物遗传学和动物健康方面；
- 可用和需要的基础设施；以及
- 促进地方投入品供应市场发展的政策和战略（如投入品税收、私人企业参与、财政奖励等）。

聚集

核心价值链

聚集特性

- 生产者在推销和销售其产品时面临的主要制约因素；
- 市场的类型和性质；与市场的距离；
- 合同协议；

- 农产品销售模式——个体出售、通过合作社、销售给贸易商、直接销售、现货市场、合同协议；交易模式；
- 聚集的主要参与者——大型农场、贸易商、农民自身、合作社；以及
- 进出道路和路线的状况；使用的运输方式和运输质量（如所用时间、冷链的可行性、储存）；产生的损失。

管理、激励及能力

- 交易方提供的服务（例如：市场信息、市场要求、市场预测和信用等）；服务成本；
- 功能（例如：动物育肥、聚集、营销、仓储等），激励措施及能力；
- 其他标准和要求。

经济性分析

- 交易成本；
- 聚集和定价的成本结构；不同市场渠道及其定价；
- 收入和毛利润；主要成本和利润驱动因素；
- 不同市场渠道进行聚集的容量和价值；
- 产品聚集期间产生的损失。

支持功能和有利环境

- 交易者协会和权威机构；为会员提供的服务和支持；协会获得的其他支持；
- 可利用的金融服务；
- 促进畜牧业商品交易的政府相关政策和运作机制；
- 合适的营销政策和市场监管措施；
- 当前可用的基础设施（例如：收集点、冷链、仓储、道路、动物育肥站等）和未来所需基础设施。

加工

核心价值链

加工方特征

- 畜牧业产品的加工类型；
- 加工方的特性（例如：小公司、大公司、国际公司等）；
- 原材料和相关投入品的来源（例如可靠性、质量要求等）；
- 供应链结构（例如：与生产商和交易商签订的综合性合同等）；
- 加工阶段所需的投资。

管理、激励及能力

- 加工方的激励措施和能力；

- 行业标准及要求、合规性；
- 加工方需求和终端市场导向；
- 加工方可用资源（包括金融资源）；
- 加工方面临的限制因素。

经济性分析

- 加工方数量；
- 加工量及价值（包括整合加工和分类加工）；
- 投资；
- 生产和定价的成本结构；不同市场渠道及定价；
- 加工过程产生的损失；
- 生产能力；存储能力；
- 加工方的竞争力；
- 收入和毛利润；主要成本和利润驱动因素；
- 创造就业和员工薪资问题。

支持功能和有利环境

- 有利于加工方的专业性和行业性协会；
- 支持性服务，包括可利用的金融服务（例如：信贷、调查、检测、包装等投入）；
- 加工过程所需基础设施面临的制约因素（例如：电力的成本及可靠性、市场准入、冷链设施等）；
- 卫生和植物检疫标准及相关条例，以及提供的服务（包括金融服务）；
- 制定促进增值和加工过程的相关政策及策略；吸引公私投资；
- 基础设施要求（靠近道路、屠宰场、加工厂，冷链，仓库等）；
- 充分考虑女性在加工过程中的重要性，注意性别方面的相关问题，比如时间问题、身体技能问题和流动性有限等。

分销

核心价值链

分销的特征

- 分销所用的市场渠道；
- 批发商和零售商及其所处位置；
- 其他与分销相关的参与方；
- 供应链结构（付款条件、交付条件、提供的服务等）；
- 相关标准及要求，以及合规性；
- 存储和其他相关设施。

管理、激励和能力
- 批发商、零售商和其他分销商的激励措施和能力；
- 与最终消费者、行业领头企业和生产商/贸易商的服务和业务联系。

经济性分析
- 批发商和零售商的数量及规模；
- 各种分销渠道的容量和价值（包括批发商和零售商的对比）；
- 成本结构及定价；
- 储存能力；
- 收入和毛利润；主要成本和利润驱动因素。

支持功能和有利环境
- 促进国内市场发展和进入国外市场的畜牧业相关政策和规划；
- 出口支持举措（免税或补贴）；
- 卫生和植物检疫标准及相关规定；
- 营销政策及规定；
- 与市场推广投资、海关及出口促进、开发国内市场和税收相关的政策。

附录 4 牲畜价值链发展项目成果和影响指标实例

成果指标	影响指标
普遍意义	
• 链中各行为体之间价值链功能的重新划分 • 增值在价值链各阶段的重新分配 • 买方-供应商关系的连续性 • 买方订单的平均规模 • 所收价格的稳定性	• 畜牧活动收入相对于家庭总收入的重要性 • 货币收入（家庭水平，当地货币/年） • "实物"收入（如相关） • 价值链参与者数量 • 在价值链活动（或相关活动）中就业者数量 • 收入不稳定性降低（定性，基于更详细的标准） • 改善粮食安全和营养（定量，基于更详细的标准）
管理和业务联系	
• 运作良好的生产者或处理机组数目 • 小规模生产者在这些群体中的参与 • 群组的稳定度等级 • 价值链整合的层次 • 与市场信息系统有联系的参与者数目 • 书面销售合同或合伙关系的范围 • 参加对性别问题有敏感认识的能力建设会议的女性和男性人数	• 价值链中增加的股权 • 收入不稳定性降低（定性，基于更详细的标准） • 参加这些活动的女性人数（绝对数和相对于男性的人数）以及劳动中的性别划分 • 妇女对价值链中货币收入的控制
实践和技术	
• 能力建设会议受益者的百分比 • 具体做法或技术的采用程度（按农民或牲畜数量计算）	• 降低动物死亡率 • 提高了每只动物的生产力（牛奶、鸡蛋、生长等） • 提高生产者一级的生产力（一年中出售的动物数量、生产的牛奶等） 牧场的载畜量变化 • 自然资源量（例如容量和公顷） • 污染或废物的量化程度 • 可测量的人类或动物健康改善状况

（续）

成果指标	影响指标
标准和认证	
• 根据特定标准或认证处理的产品数量 • 符合特定标准的程度等级	• 符合特定标准或认证的每个参与者的增值
金融服务	
• 获得贷款的参与者比例和贷款价值 • 采用保险制度的参与者比例	• 饲养动物数量 • 价值链参与者的货币收入（家庭一级，当地货币/年） • 按财务伙伴分列的总偿还率 • 价值链中新增私人投资价值
其他支助服务	
• 接种疫苗的动物比例 • 受精动物的比例	• 降低动物死亡率 • 提高了每只动物的生产力（牛奶、鸡、生长等）
基础设施	
• 对所建基础设施进行量化（道路公里数、现代化、卫生的乳制品厂的数量等） • 通过发展基础设施进入新市场的生产者数量或容量 • 使用基础设施的参与者数量	• 与使用特定基础设施（道路、乳制品厂）有关的收入增加 • 粮食损失和浪费的减少量
政策和监管	
• 建立法律和监管框架，以监督价值链的运行 • 建立法律和监管框架，以保护传统的获取权 • 建立法律和监管框架，以保障饲料安全	• 非正规市场减少，正规市场占优势 • 与价值链有关的税收收入增加 • 土地所有权冲突数量减少 • 符合国际食品安全标准的出口量 • 减少粮食浪费和损失以及疾病暴发

图书在版编目（CIP）数据

发展小规模牲畜饲养者可持续的价值链／联合国粮食及农业组织编著；葛林等译. —北京：中国农业出版社，2021.6

（FAO中文出版计划项目丛书）

ISBN 978-7-109-28421-0

Ⅰ.①发…　Ⅱ.①联…②葛…　Ⅲ.①家畜—饲养管理—研究　Ⅳ.①S815.4

中国版本图书馆CIP数据核字（2021）第122791号

著作权合同登记号：图字 01-2021-2147 号

发展小规模牲畜饲养者可持续的价值链

FAZHAN XIAOGUIMO SHENGCHU SIYANGZHE KECHIXU DE JIAZHILIAN

中国农业出版社出版

地址：北京市朝阳区麦子店街18号楼

邮编：100125

责任编辑：闫保荣

版式设计：王　晨　责任校对：沙凯霖

印刷：中农印务有限公司

版次：2021年6月第1版

印次：2021年6月北京第1次印刷

发行：新华书店北京发行所

开本：700mm×1000mm　1/16

印张：9.5

字数：190千字

定价：50.00元